PLACE MAKING

SONODA SATOSHI

園田聡

学芸出版社

プレイスメイキング

アクティビティ・ファーストの都市デザイン

「オポチュニティ・デトロイト」のコミュニティ再生（デトロイト市、キャンパス・マルティウス・パーク）→ P90

「左近山みんなのにわ」の団地再生（横浜市、左近山団地）→ P140　©スタジオゲンクマガイ

Free
Wi-Fi

「あそべるとよたプロジェクト」の駅前再生（豊田市駅前ペデストリアンデッキ広場）→ P168

はじめに――なぜ今、プレイスメイキングなのか

都市の中で起きる人々の多様な活動は、その都市の生活の豊かさを表す最もわかりやすい指標の一つである。小さな飲食店が軒を連ねる界隈では、大人たちが道端でアフター5の一杯を楽しむ。ストリートミュージシャンが音楽を奏でる街路を、学校帰りの子どもたちが戯れながら通りすぎる。駅前広場のコーヒースタンドでは買物途中の主婦が知人と立ち話に興じている。こんな何気ない日常のシーンが見られる都市では、きっと誰もが幸福度の高い生活を送れるだろう。

現代都市における公共空間研究の第一人者であるヤン・ゲールは著著『建物のあいだのアクティビティ』で「屋外活動の三つの型」を提示している。義務的な意味あいを持つ通勤通学等の「必要活動」のみならず、散歩やレクリエーションといった「任意活動」、挨拶や会話、偶然の出会いといった他者の存在によって初めて成り立つ「社会活動」をいかに促進できるかが、活動の多様性を生みだす一つの基準となる（1章で詳述）。

プレイスメイキングの世界的な先駆けであるニューヨークのＮＰＯ、Project for Public Spaces（以下、ＰＰＳ）はその著書『オープンスペースを魅力的にする』の中で、「街やコミュニティに活き活きとした公共的な空間がある場合には居住者は強いコミュニティ意識を持つことになる。また、

反対にそういった場がないときには人々はお互いに結びつきが希薄だと感じることになる」と指摘している。

ヤン・ゲールも、「街を動きまわり滞留する人が増えると、一般に街の安全性が高まる。人々が歩きたくなる街は、適度なまとまりのある構造を持っている。つまり、歩行距離が短く、魅力的な公共的空間があり、変化に富んだ都市機能を備えている。これらの要素は、都市空間のアクティビティと安心感を高める。そこでは街路に多くの目が注がれ、まわりの住宅や建物にいる人々が街で起こっている出来事に積極的に参加する」(『人間の街』)と、都市における公共空間の重要性を示唆している。

そして、大阪大学名誉教授の鳴海邦碩は、その著書『都市の自由空間』の中で「『自由空間』は、単に交通のみの場ではなく、そこは自然と出会い、人と出会い、さまざまな仕事や情報と出会う場であり、それが都市らしさを支えている。別の言い方をすれば、『自由空間』こそが、都市の魅力を表現しているのであり、また、都市の魅力を感じることができるのは、『自由空間』を通じてなのである」と述べている。

こうした多様な活動の受け皿となる街なかの公共空間を、本書では「人々の居場所＝プレイス」と呼ぶこととする。地域の人々の手によって獲得された「プレイス」は、都市において利用者がその場所の使い方や意味を自由に解釈できる「余白」的な機能を果たし、都市の多様性を受け入れながらも地域の個性を顕在化させる場となる。そのため、都市の規模の大小にかかわらず、単なる

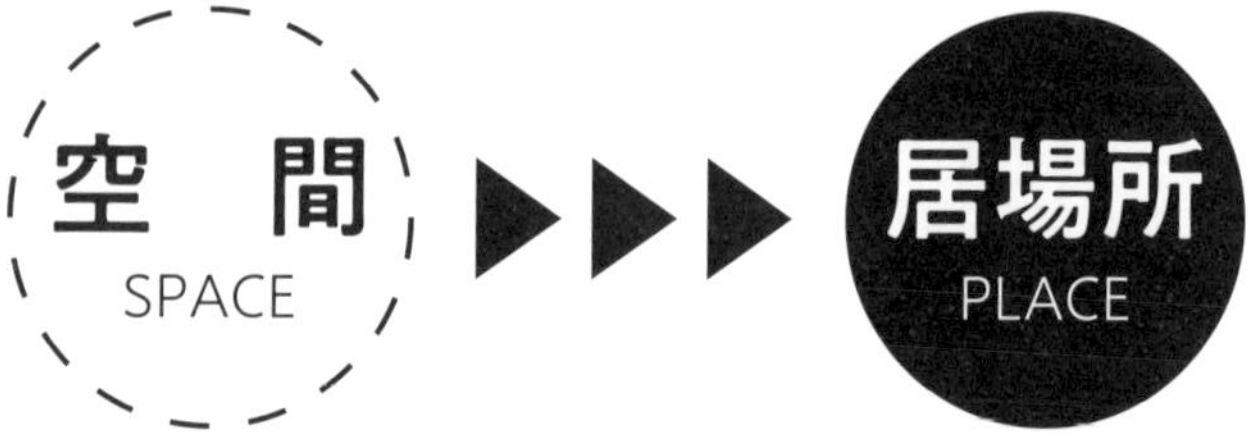

図1 「スペース」から「プレイス」へ

空間としての「SPACE／スペース」ではなく、人々の居場所である「PLACE／プレイス」と呼べる場所をいかにつくっていくかが、これからの都市において重要な課題となる（図1）。

プレイスメイキングの取り組みは、「地域の人々が、地域の資源を用いて、地域のために活動するプロセス・デザイン」であり、「プレイス」を生みだすための協働のプロセスに携わることによって、運営者や利用者となる人々に場所への愛着が芽生え、豊かな公共空間というのは「与えられるもの」ではなく「自ら獲得し育むもの」だという意識の転換が起きる。それは、人口減少や行政の財政悪化といった日本の都市を取り巻く厳しい状況において、地域の社会関係資本を活用し、強化することにもつながる持続可能なアプローチでもある。

たとえば公園や広場、街路といった場所は、最も多様な人や活動が集まる場所であり、こうした場所がきちんと整備され、日常的に利用されていれば、そこは皆に憩いや刺激、出会いを与えてくれるプレイスとなる。それが住宅地にあれば、そこで遊んだ子どもたちの原風景となる。それが商業地にあれば、人々が街に出かけるきっかけとなり、滞在時間が増えることで消費機会を誘発し、経済効果を期待することもできる。こうした、多様な属性の人々やアクティビティを許容する「プレイス」を生みだし、都市に豊かな暮らしの風景をつくるための方法論がプレイスメイキングである。

近年加速する道路や公園の規制緩和によって、各地で公共空間の活用が活発に行われているが、なかには一時的なイベント利用にとどまっているものも散見される。本書で紹介するプレイスメイキングの方法論が公共空間の整備・活用の一助となり、単なる空間活用のイベントではなく、本質的な都市生活の豊かさの向上につながる取り組みが増えれば幸いである。

目次

5章　アクティビティ・ファーストの都市デザイン　259

1章

プレイスメイキングとは何か

プレイスメイキングを、都市デザインの手法として具体的に定義すると、「都市空間において愛着や居心地のよさといった心理的価値を伴った公共空間を創出する協働型のプロセス・デザインの理念および手法*1」であると言える。

プレイスメイキングとは単なる空間のデザイン手法を指しているのではなく、その本質は、愛着や居心地のよさといった心理的価値をいかに空間に吹き込むかを考え、実現するための「プロセス」をデザインすることにある。そして、その取り組みが本当に価値ある成果を生みだしているかを見極めるためには、目指すべきゴールとなる豊かな風景の持つ意味を正しく理解する必要がある。本章では、プレイスメイキングで最終的に目指す「プレイス」の概念、そしてその概念がどのような経緯で構築されてきたかを紐解いていく。

1 センス・オブ・プレイスの思想

都市において価値のある公共空間とは、単なる空間としての「スペース」ではなく、その空間が人々の活動の舞台となり空間や街への思い入れや結びつきを強化する居場所＝「プレイス」となっていることが重要である。では、そのプレイスとは一体どのようなものなのか、ここではプレイスの構成要素について解説する。

原初的なプレイスの概念は、実は都市計画や建築といった分野ではなく、地理学や人文学といった分野で語られてきた。その中でもプレイスの概念形成に大きな影響を与えたのがイーフー・トゥアンやエドワード・レルフである。トゥアンは著書『トポフィリア』の中で「『トポフィリア』とは、人々と、場所（プレイス）あるいは環境との間の、情緒的な結びつきのことである」と述べ、人とプレイスが結びつきを持つことの意味を指摘している。また、レルフは著書『場所の現象学』の中で「個性的で多様な場所はそこに住む人々の場所への深いかかわりの現れであるということであり、またそのような場所への愛着は、多くの人々にとって、人間との親しい関係と同じように必要かつ重要だということである」と述べており、場所が人との密接な関係性の中で形成される点と、生活における場所の重要性を指摘している。

ここで言われている「場所への愛着」が「センス・オブ・プレイス」と呼ばれるものであり、「スペース」を「プレイス」へと変えていく際の重要な要素となるものである。

センス・オブ・プレイスは日本語で「場所性」「場所らしさ」などと訳される。さらに、「コミュニティに生活する人々が、そのセンス・オブ・プレイスを共有することにより、その住民のコミュニティへの帰属意識や責任感が醸成される。センス・オブ・プレイスを形成する要素はその場所固有の生態系やランドスケープだけでなく、祭り、宗教的儀式、民謡、舞踊、地域通貨といったその土地固有の文化も含まれる」（『都市計画国際用語辞典』）とされている。このことから、センス・オブ・プレイスとは単にその場所の空間的特徴を表すものではなく、その場所が生まれた背景やそこでの活動や歴史の堆積によって形成されたその場所独特の文化をも包括していることがわかる。
　カナダの地理学者ロバート・ヘイは著書『トワード・ア・セオリー・オブ・センス・オブ・プレイス』で人々の場所への意識に着目し、「知覚的な領域」「情緒的な領域」「経験的な領域」という三つの領域における帰属意識によってセンス・オブ・プレイスが生まれると説明しており、それらは「場所のアイデンティティ」「場所への愛着」「場所への依存」といった要素に言い換えられるとしている。この指摘からも、センス・オブ・プレイスはスペースをプレイスへと変えていくうえで重要な要素であり、その形成にはその場所を認知する際の人々の知覚、情緒、経験といった感情的、感覚的要因によるところが大きいと考えられる。

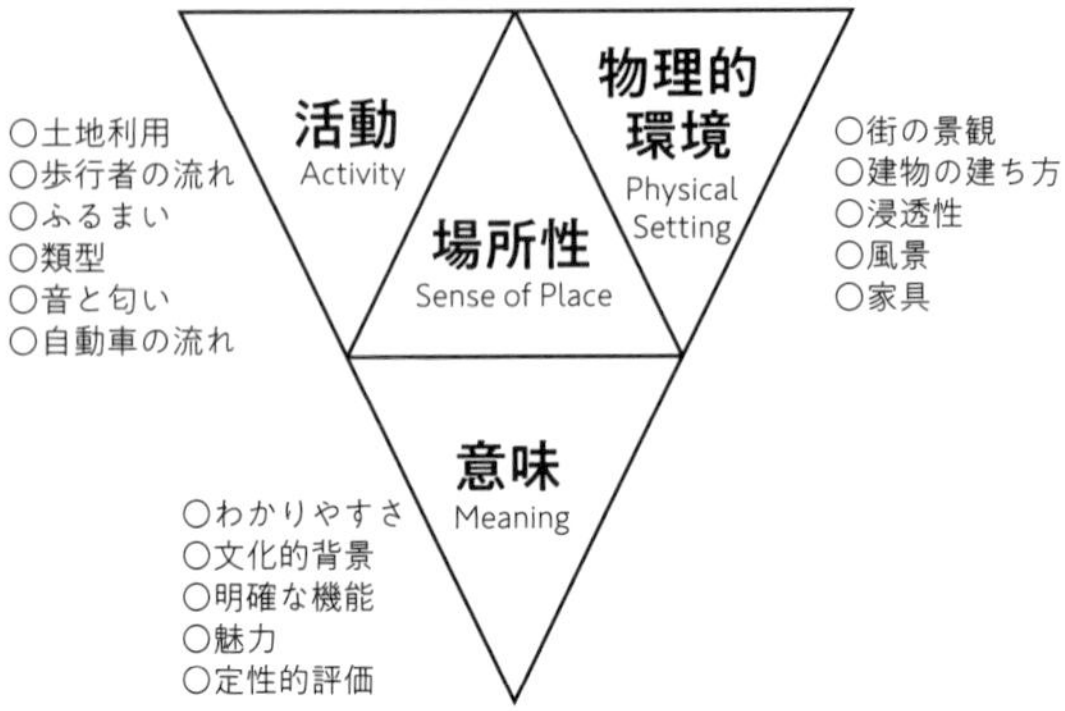

図1　ジョン・パンターによるセンス・オブ・プレイスの構成要素
（出典：『ザ・デザイン・ディメンション・オブ・プランニング』を元に作成）

　カーディフ大学のジョン・パンター（アーバン・デザイン、イギリス）は、このようなセンス・オブ・プレイスを持つプレイスの構成要素を「活動（Activity）」「物理的環境（Physical Setting）」「意味（Meaning）」の三つに分類し、それぞれについてより具体的な要素を整理している[*2]（図1）。

活動では土地利用や歩行者動線、音や匂いといった要素、物理的環境では景観や建物の形態、家具等、そして意味ではわかりやすさや文化的背景、認知しやすい魅力や定性的な評価といった要素が挙げられている。

これらの項目からもわかるように、パンターはこれまで地理学的・人文学的視点から語られてきたセンス・オブ・プレイスを都市デザイン的視点から捉え、実際にセンス・オブ・プレイスを持つ空間を創出する場合に、どのような要素に配慮することが重要なのかを明らかにしている。

2 プレイスの構成要素

都市プランナーのジョン・モントゴメリー（アーバン・カルチャーズ社、イギリス）は、先のセンス・オブ・プレイスの要素と対応する形でプレイスが持つ要素について整理している*3（図2）。プレイスとセンス・オブ・プレイスとの分類上の違いとして、「活動」は共通であるが、「物理的環境」が「形態（Form）」に、「意味」が「印象（Image）」にそれぞれ置き換えられている（図3）。プレイスの構成要素では内容がより具体的に挙げられており、活動では多様性やストリートライフ、人間観察やカフェ文化等が、形態では規模、強度、空間と建物との関係性、公共的領域等が、そして印象では象徴性と記憶、受容性、心理的な近寄りやすさ等が挙げられている。

これらのことから、プレイスとは空間的枠組み（物理的要素）、表象的価値（心理的要素）、活動（機能的要素）というセンス・オブ・プレイスの三つの要素を満たす空間であると言える。この

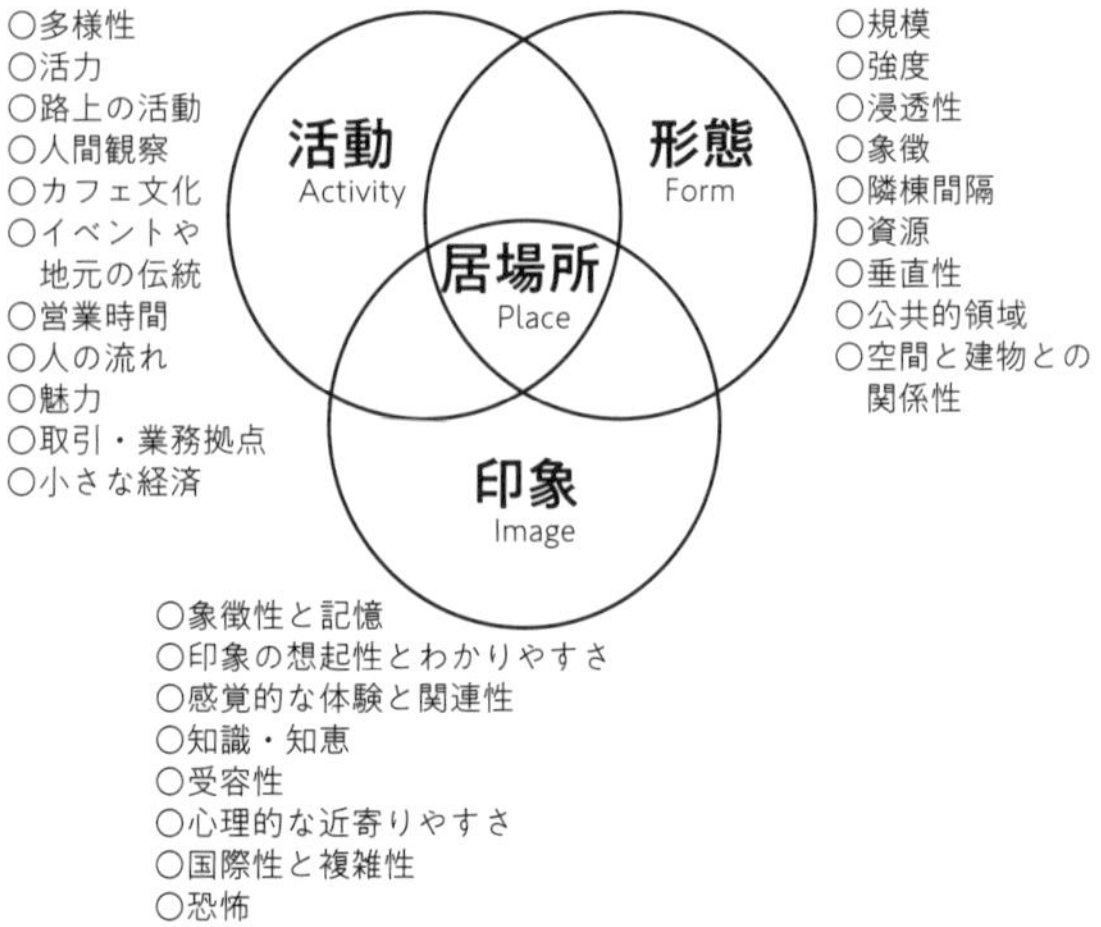

図2　ジョン・モントゴメリーによるプレイスの構成要素
（出典：『メイキング・ア・シティ』を元に作成）

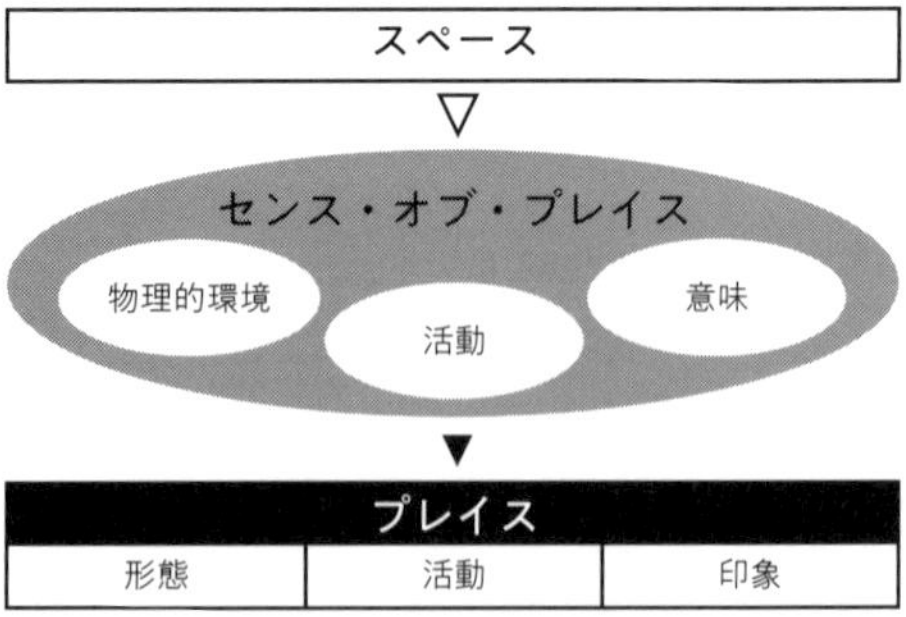

図3　スペースからプレイスへと転換する流れ

プレイスを構成する、形態、活動、印象の各要素に関して、都市デザインのプロセスの中で配慮すべきことを見ていこう。

形態の役割と特徴

形態はその場所の物理的な特徴を規定するものであり、活動や印象に大きな影響を与える。ヤン・ゲールは、建築と屋外空間との関係性に関して記した著書『建物のあいだのアクティビティ』で「人間の尺度に合わせて建物を設計することが大切である。（中略）それによって、結びつきが大きく左右される」として、空間の形態と活動との関連性を指摘している。ここで指摘されていることは、具体的には建物の密度を高めることと街区を小規模に分節することによって街路での活動を高めることができるという、都市デザインの計画論である。

また同書で、「大きな公共空間の規模を決めるときには、空間の境界を社会視野の限界に合わせるとよい」とし、出来事が見える最大距離（70〜１００ｍ）と表情が見分けられる最大距離（20〜25ｍ）を組みあわせて設計する等、複数の社会視野の組みあわせが好ましいと述べている。

これは、モントゴメリーによるプレイスの構成要素の形態に関する項目に照らしあわせると、「規模」や「空間と建物との関係性」といった項目に該当する指摘である。

また、オランダの建築家ヘルマン・ヘルツベルハーは著書『都市と建築のパブリックスペース』で、設計者は「地域社会が個人的な責任を感じる」ことができるような共有空間をデザインすることが重要であるとしており、そうした空間で「地域社会を構成する1人1人がそれぞれのやり方で環境に貢献することで、その環境とかかわりあい、その中で1人1人が存在感を感じられるようになる」と述べている。この指摘からは、空間の形態を適切にデザインすることで利用者の印象に対して影響を与えられることがわかる。

また、ヘルツベルハーは同書で、集合住宅の共有空間の形態に関して「住居と住居を過度に切り離さないようにして、共同体への帰属意識を芽生えさせる機会を逃してはならない。この共同体への帰属意識は日常的な社会的接触の中に生まれ展開される」と述べており、適切な空間の「形態」が日常的な「活動」を誘発し、それによって共同体への帰属意識という「印象」が形成されるプロセスがより鮮明に指摘されている。これは、プライベートな空間とパブリックな空間の境界こそが印象の形成に重要な役割を果たすことを示しており、形態が内包する項目の「公共的な領域」として整理することができる。

活動の役割と特徴

公共空間における活動に関しては、国内外でさまざまな調査・研究がされている。ヤン・ゲールは著書『建物のあいだのアクティビティ』で屋外での活動を三つの型に分類している（図4）。すべての条件下で行われる活動としてまず挙げているのが「必要活動」である。必要活動とは、通勤通学や日用品の買い物、郵便配達や荷物の運搬等、少なからず義務的な要素を含むものであり、

図4　ヤン・ゲールが提示する、屋外活動の三つの類型

必要にかられた活動を指す。この場合、人々にはその行為をしないという選択肢がないため、それを行う空間の形態や質の影響はほとんど受けない。

一方、「任意活動」と呼ばれる活動は空間の形態や質の影響を大きく受ける活動である。任意活動は、利用者自身にその行為を行いたいという意志があり、時間や場所の制約がない場合にのみ行われる活動である。公園での散歩や屋外での飲食、レクリエーションのプログラムに参加するといった行為がこれに当たる。

最後の「社会活動」は、これら二つの活動が発展した合成的な活動であると定義されている。社会活動が他の二つの活動と大きく異なるのは、そこに自分以外の他者の存在があって初めて成り立つという点である。個々の必要活動や任意活動の中で自然発生的に生まれる挨拶や会話、各種のコミュニティ活動や人をただ眺める人間観察といった行為が社会活動と呼ばれる。

そして、都市の屋外空間において任意活動や社会活動

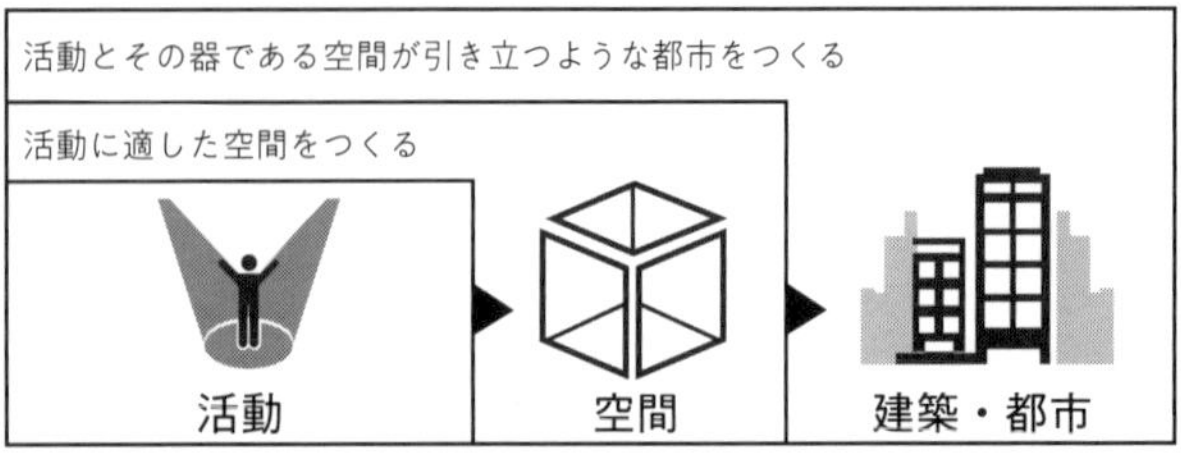

図5　アクティビティ・ファーストの都市デザイン

をより多く生みだすことが重要であると、ゲールは指摘している。

この点に関しては、アメリカの社会学者であり観察を中心とした研究によって公共空間の価値を示したウィリアム・H・ホワイトも、著書『都市という劇場』で「人を最も引きつけるのは人である。私がこの点を強調するのは、多くの都市空間はあたかもその逆が真であり、人間は混雑から離れた場所を最も好むかのように設計されているからである」と述べ、その重要性を認めている。

さらに、ゲールはその舞台となる公共空間を計画するにあたり、「その場所の活動水準は、人の数、出来事の数、滞在時間で示される」とし、「別々の建物に働き住んでいる人々が同じ公共空間を使い、日常活動の中で出会うことができるかどうか」が重要であると述べている。[*4]

また、これまでの都市計画は上空および外側からの目線で「建築↓空間↓活動」の優先順位で計画してきたが、これでは豊かな活動が生まれる可能性はなく、「活動↓空間↓建築」という順序で都市を計画することが原則であるというゲールの指摘からも[*5]、形態と活動の間には強い関係性があるだけでなく、それらを計画する際の順序も重要であることがわかる（図5）。

プレイスの構成要素としての活動とは、任意活動や社会活動と呼べる行為が生まれる条件を備えた空間の形態をデザインすることによって成り立ち、その多様性や数が公共空間の本質的な価値を決めるものであると言える。

印象の役割と特徴

場所には元来、その都市の自然環境や風土に基づいた土地利用の形態や集落、道の配置があり、国や地域によって独自の様式、長い歴史の中で培われてきた利用の仕方というものが存在する。

都市の歴史の中で共有される印象という観点では、アメリカの都市史学者で建築家でもあるドロレス・ハイデンが著書『場所の力』で、「場所の力（The Power of Place)。それはごく普通の都市のランドスケープに秘められた力である。共有された土地の中に共有された時間を封じ込み、市民の社会的な記憶を育む力である」と述べている。この著書では主としてアメリカの労働者階級の人々の歴史と都市の空間とを結びつけて語られており、多くの人々に共有される都市の記憶としてのパブリック・ヒストリーについて記述している。

より個人的な段階での人と場所との結びつきについてもハイデンは「都市のパブリック・ヒストリーを育むための戦略の一つは、社会の記憶のみならず、場所の記憶も確実に利用することである（たとえば、場所の記憶には、ある都市に初めてやって来た時の記憶やその都市へ寄せる感情的な愛着といったもの、街路の名前やその位置に関する認知的記憶、自宅と仕事場を往復する日常の通勤といった身体的な記憶が含まれるだろう）」と指摘しており、「感覚的な経験」という観点からプレイスにおける印象の役割を明らかにしている。

印象を形成する空間のデザインに関して、形態の箇所でも紹介したオランダの建築家ヘルマン・ヘルツベルハーは、「空間構成の初歩的な原則を使って、隔離と開放の感じ方に非常に多くの段階を設定することができる。隔離されているという感じ方は開放感と同じように、細心の注意を払ってつくりだされねばならない。そうすれば、周囲を無視できるという状況から、一緒にいたいと望むという状況まで、本当に多様に人と人の関係を構築できる環境を創造でき、自分の望むような他人との関係を空間に求めることができる」[*6]と述べており、つくりだされた空間の印象とわかりやすさもまた、人々の印象を左右する重要な要素であることとわかる。

このように、プレイスの構成要素としての印象は、その空間の形態によって大きく異なることがわかる。適切な空間の形態を与えれば、人々はその空間に対して好意的な印象を抱き利用する。多くの人が利用している光景や個々の活動が、さらによい印象を与え、その空間を体験する人々を呼び込む。このような望ましい循環を生みだすことが、プレイスメイキングに期待されていると言える。

プレイスの構成要素の形成プロセス

これまで見てきたプレイスの三つの構成要素の関係性には形成される過程に序列があり、形態が最初に物理的な空間の質や領域を規定し、次にそれに則した活動が誘発される。印象は形態と活動の複合的な体験の感覚によって形成されるため、他の二つの要素の質に大きく左右される傾向がある。そして、これらを都市に創出するプロセス・デザインも非常に重要である。

3 都市デザイン手法としての確立

ここからは、先に整理したプレイスの概念を都市に実装するプレイスメイキングの考え方が、どのように都市デザイン手法として確立されてきたかを整理する。その歴史はアメリカの都市政策、都市計画と大きく関わっていることから、時代ごとに都市を取り巻く環境を振り返りながら、経緯を紐解いていこう（図6）。

1960年代まで：大規模開発を中心とした都市の拡大

1960年代までのアメリカの都市計画は、人口増加や自動車の普及を背景に、ゾーニング制度の確立、国家住宅法の制定・改正、連邦高速道路法の制定といった都市計画体系を構築し、大規模開発、郊外を中心とした道路建設や住宅地開発、スラム・クリアランス等を軸に進められてきた。

その結果、郊外部や都市の縁辺部に人口が移り、中心市街地が衰退するドーナツ化現象が引き

1950年代以前

大規模開発中心 拡大指向の都市政策

地域の歴史や個性を無視した政策に対する反発

- ○大規模開発／スラム・クリアランス
- ○ゾーニングの確立 （1926年：ユークリッド判決）
- ○『近隣住区論』 （1929年：クラレンス・ペリー）
- ○国家住宅法制定 （1937年）
- ○国家住宅法改正 （1949年）
- ○連邦高速道路法制定 （1956年）

1960年代

ボトムアップ型の新たな都市論の登場

地域主体のアドボカシー・プランニングの提唱

- ○『都市のイメージ』 （1960年：ケビン・リンチ）
- ○『アメリカ大都市の死と生』 （1961年：ジェイン・ジェイコブズ）
- ○『アドボカシー・アンド・プルラリズム・イン・プランニング』 （1965年：ポール・ダビドフ）
- ○『都市への権利』 （1968年：アンリ・ルフェーヴル）

1970年代

プレイスメイキングの理念の確立

都市のあり方の議論から計画手法の議論へ

- ○『トポフィリア』 （1974年：イーフー・トゥアン）
- ● Project for Public Spaces 設立 （1975年：フレッド・ケント）
- ○『パタン・ランゲージ』 （1977年：クリストファー・アレグザンダー）

1980年代

プレイスメイキングの実践

自動車中心→歩行空間の復権に向けた取り組み

- ○『ソーシャル・ライフ・オブ・スモール・アーバン・スペーシーズ』 （1980年：ウィリアム・ホワイト）
- ○『リバブル・ストリート』 （1981年：ドナルド・アップルヤード）
- ○『建物のあいだのアクティビティ』 （1987年：ヤン・ゲール）
- ○『トワード・ア・セオリー・オブ・センス・オブ・プレイス』 （1988年：ロバート・ヘイ）
- ○『都市という劇場』 （1988年：ウィリアム・H・ホワイト）
- ○『サードプレイス』 （1989年：レイ・オルデンバーグ）

1990年代

空間の設計手法としての展開

ガイドライン等による空間形態のコントロール

- ○『人間のための屋外環境デザイン』 （1990年：クレア・クーパー・マーカス）
- ○『ネクスト・アメリカン・メトロポリス』 （1993年：ピーター・カルソープ）
- ○『プレイスメイキング』 （1995年：リンダ・シュニークロス）
- ○『場所の力』 （1995年：ドロレス・ハイデン）
- ○『場所の現象学』 （1999年：エドワード・レルフ）

2000年代

既存空間の改善・活用手法としての展開

「つくる」時代から「つかう」時代へ

- ○『オープンスペースを魅力的にする』 （2000年：PPS）
- ○『プレイスメイキング』 （2002年：チャールズ・ボウル）
- ○『グレート・ネイバーフッド・ブック』 （2007年：ジェイ・ウォールジャスパー）
- ○『人間の街』 （2010年：ヤン・ゲール）
- ○『都市はなぜ魂を失ったか』 （2010年：シャロン・ズーキン）

図6　プレイスメイキングがアメリカにおいて都市デザイン手法として確立された背景

起こされ、都市の中心部は街としての歴史や個性を失い、商業活動や人の往来が希薄になり、治安や居住環境が悪化した。そのような都市の状況に対して危機感を持った複数の専門家や市民団体が、都市再生のための新たな理念や計画手法を本格的に提唱しはじめたのが1960年代である。

1960年代：プレイスメイキングの理念の礎となる新たな都市論の登場

1960年にアメリカの都市計画家で建築家でもあるケビン・リンチが発表した『都市のイメージ』は都市空間の認知に関する新しい考え方を示し、その後の都市計画・都市デザインに多大な影響を与えた。

同書でリンチは、都市空間での体験を通して人々がどのように都市を認知し、それを表現し、どのようなキーワードを用いて第三者に伝えるかという視点で行った広範な調査の結果を示している。調査の一つでは、被験者に日常的に生活している都市の地図を記憶のみを頼りに作成させ、その作成過程や記述される空間や目印、道路等を記録している。それによると、実在する空間や建物が被験者にとって必ずしもすべて意識されているわけではなく、特徴的な建物や思い入れのある空間が地図に記載され、たとえ規模が大きな建物や主要な街路であっても、被験者の生活に密接に関わりあうものでなければ重要なものとして記憶されていないことを明らかにしている。

このような膨大な調査の蓄積と考察の結果、都市デザイン上、重要な構成要素として、道路(Paths)、縁(Edges)、地域(Districts)、結節点(Nodes)、象徴物(Landmarks)という五つの要素が導きだされた。19世紀の終わりから続いてきた機能的で効率性を重視し、人間味あるヒューマンスケールの都市空間を破壊する都市計画の潮流の中で、このような人の知覚から都市の構成要素を抽出し、それらを都市デザインの手法に応用するという考え方は大きなインパクトを与えた。

『都市のイメージ』が発表された翌年の1961年には、アメリカのジャーナリスト、ジェイン・ジェイコブズの『アメリカ大都市の死と生』が出版されている。同書では、ジェイコブズ自身がニューヨーク市のグリニッジビレッジの住人として体験した考察がまとめられており、大規模開発やスラム・クリアランスによって多様性があり個性的な街が一掃され、画一的で用途ごとにゾーニングされた整然とした街並みに置き換えられていくことへの危機感を示し、混合用途でヒューマンスケール、人種やアクティビティの多様性のある街がいかに価値あるものかを訴えている。

そして、見ず知らずの人間が集まりながらも過度に干渉せずに関係を築けるという都市の本質が、街路をはじめとする公共空間によって支えられていること、その公共性を担保しているのが周辺に存在する多様な商業活動とそれに伴う「ついで」の活動であることを示した。その上で、当時の用途規制や大規模再開発によって街の土地利用の単一化を進めることは、そうした都市の本質を破壊する行為であると指摘し、実際に計画されていた都市開発計画を変更させるまでの大きな動きに発展した。

また、1967年にはアメリカ・プランナー協会が、1938年に定めた憲章を修正し、都市計画の定義を見直し「アドボカシー・プランニング」と呼ばれる都市計画の新たな理念を提唱した。その中心人物であるポール・ダビドフは「都市とは、そこに住む住民であり、彼らの生活であり、彼らの政治的、社会的、文化的、経済的な機関なのである。都市プランナーは、物的計画、経済計画、そして社会計画に関与することになるだろう」[*7]とし、物的計画のみを扱う傾向が強かったそれまでの都市計画の理念を批判した。そして、都市計画が扱う範囲を拡張することの必要性を説き、その際に重要なのがアドボカシー・プランニングの考え方であるとした。具体的には、行政の定めた既存の計画等に問題がある場合、その計画が適用される地域の住民を中心に専門家が協働して代替案を提示し、その改善を求めるというものである。

アドボカシー・プランニングの根底には、「どのような合理的な意思決定過程においても、価値判断の要素が含まれるのは避けがたく、さまざまな価値に中立的な立場からの適切な都市計画はありえない」というものであり、従来の広く一般市民を対象とした「公共の利益」のためではなく、特定の個人やグループのための都市計画手法として定義されているところに新規性がある。

このようなボトムアップ型の都市計画の理念・手法の登場は、同じく特定の個人やグループのための計画手法であるプレイスメイキングにも大きな影響を与えている。

さらに、1968年にはフランスの哲学者アンリ・ルフェーヴルが「都市への権利」の概念を提唱した。この概念について、イギリスの地理学者デヴィッド・ハーヴェイは「都市への権利は、都市の資源を個人が自由に享受できる権利よりはるかに重要である。それは都市空間を変えることで私たち自身を変える権利である。そしてそれは、都市化のプロセスを再構築する力の集合に依存する点において、個人の権利というよりも共同体の権利である。私たちの都市や私たち自身を見つめ直し変革する自由は、人権の中でも最も重要な権利の一つでありながら最も軽視されている」[*8]と説明している。都市のトップダウン型の管理体系を否定し、都市に住む人々が自分自身の存在を感じることができ、地域や共同体への帰属意識を感じられる都市を自分たちで管理・運営していこうとするこの概念は、その後多くの人々に認知されるようになり、プレイスメイキングの活動にも影響を与えた。

そして、仕事をするオフィスや家族と暮らす家ではなく、より多様な人が存在しながらも自分らしい時間を過ごすことができる都市の公共空間の重要性を訴えたこの考え方は、後にアメリカの社会学者レイ・オルデンバーグが名づけた「第三の場所（サードプレイス）」も含めたプレイスの価値の根幹を支えるものとなっている。

1970年代：プレイスメイキングの理念の確立

このような都市計画・都市デザイン手法の変革の流れの中で、1970年代には、社会学者ウィリアム・H・ホワイトがより分析的な手法を用いて都市の公共空間における人々の行動や振る舞いに関する調査分析を行っている。

ホワイトは、アメリカの都市の公共空間を写真や映像で記録しながら、公共空間で人々がどのような行為や振る舞いをしているか、そしてそれらの行為が行われる空間にはどのような特徴があるかを詳細に調査し分析している。その結果として、都市における人々の社会的活動（挨拶や会話、待ちあわせ等）が行われる場所には共通する特徴があり、そのような社会的活動を生みだす公共空間の存在が都市において重要な役割を果たしていると指摘している。[*9]

このような公共空間に関する研究活動の成果を基礎とし、1975年にホワイトの弟子にあたるフレッド・ケント（都市デザイナー、アメリカ）によって「PPS（Project for Public Spaces）」が設立された。PPSは、1960年代から広がり始めた人間らしい都市を取り戻そうという都市デザインの大きな動きの中で、それまでのホワイトの研究成果に基づいたプレイスメイキングの活動を展開していく。

その活動の特徴の一つは、対象となる地域の公共空間を日常的に利用する住民や地域の利害関係者と協働しながらプレイスを生みだす、ボトムアップ型のアプローチにある。これはアドボカシー・プランニングの理念を、公共空間を対象とした実践手法として体系化したものとも捉えられる。専門家が地域の住民とできることから取り組み、公共空間をスペースからプレイスに変えていくプレイスメイキングは、従来の政治家や専門家によるトップダウン型の都市計画や都市デザインのアプローチとは異なる、地域主体の新たな都市デザイン手法である。

また、1977年にはアメリカの都市計画家で建築家でもあるクリストファー・アレグザンダーの『パタン・ランゲージ』が出版されている。彼もまたこれまでのトップダウン型の都市デザインや建築デザインの流れに反発した人物であり、同書はさまざまな建築や都市のデザイン要素を分解し、それらを状況に応じて組みあわせることで使い手側が望む環境や状況を創出できる、まさに民主的な建築的言語辞典と呼べる構成となっている。彼の信念でもあった「人々は自分自身の家や街路や共同体を、自分自身のためにデザインすべきである」[*10]という考え方は、プレイスメイキングの根幹をなす理念にもつながっている。

1980年代：公共空間への関心の高まりとプレイスメイキングの実践

1980年代に入ると、自動車中心の都市計画に対する批判から、街路を中心とした公共空間を歩行者のための空間として取り戻そうという気運がより一層高まる。そうした傾向の中で、イギリス出身の都市デザイナー、ドナルド・アップルヤードの『リバブル・ストリート』やヤン・ゲールの『建物のあいだのアクティビティ』が発表される。

ドナルド・アップルヤードは都市における街路の重要性と役割を示した。ヤン・ゲールは、前述した通り、屋外の活動を「必要活動」「任意活動」「社会活動」の三つに分類し、特に任意活動と社会活動を増やし、その質を高めることが都市の豊かさにつながると述べた。そして、それらの活動の受け皿となる公共空間の重要性を説き、周辺建築物との関係性の中で空間を計画・設計するにあたり、どのような点に配慮すべきかを指摘した。

このように、これまでは都市論や政策論として扱われることが多かったプレイスやプレイスメイキングの概念が、80年代に入るとより具体的な空間のあり方や計画論の中で扱われるようになり、都市計画のみならず建築計画との連携の重要性も認知されることとなる。

1990年代：空間の設計手法としてのプレイスメイキングの展開

1990年代にはその傾向がより加速し、カリフォルニア大学バークレー校で教鞭をとったクレア・クーパー・マーカス（アメリカ）らのように、プレイスメイキングを公共空間の設計ガイドラインとして扱うケースも見られるようになる。特に、ニューアーバニズムの登場以降はより具体的かつ多様な解釈の中でプレイスやプレイスメイキングの概念が扱われている。

ニューアーバニズムは、ゾーニング制度や郊外の戸建て優先の住宅地開発によって引き起こされた都市の郊外化と、それによる諸問題を解決するために提唱された理論であり、歩行圏内のコンパクトな市街地を形成し、多様な用途を混合させ、公共交通機関を移動手段の中心とすることで、人と自然が共存する環境配慮型の都市形成を目標としている。その手法の特徴として、近隣地区と呼べる範囲を基本単位として地域を体系的に計画する点や、建築の形態規制等によって良好な空間の構築を図るガイドラインを定める点等が挙げられる。

プレイスメイキングは、ニューアーバニズムの目指す空間や地区のイメージ、公共空間の活用基準の中で言及される場合が多い。このように、80年代からの具体的な空間形成を主眼としたプレイスメイキングの応用は、90年代に入り、形態規制ガイドライン等の体系的な理論として発展した。

2000年代：既存空間の改善・活用手法としてのプレイスメイキングの展開

近年は、これまでの新しい都市計画手法としての位置づけから、既存の都市や公共空間の再生手法として、プレイスメイキングは再び注目を集めている。都心部での再開発は活発に行われているものの、成熟社会における都市計画・都市デザインの課題は、既存ストックの活用や道路空間の再配分といった資源の再編・改善に移行している。それらの課題に対し、行政と専門家の協働により、プレイスメイキングを取り入れた政策を立案するプロジェクトが世界各地で展開されている。

一方、ＰＰＳが２０００年に発行した著書『オープンスペースを魅力的にする』は日本語にも翻訳され、２００７年にはジェイ・ウォールジャスパー（ライター／コミュニケーション・コンサルタント、アメリカ）とＰＰＳの共著で、地域の人々が自らプレイスメイキングの取り組みを始めるためのガイドブック『グレート・ネイバーフッド・ブック』も出版されている。

このように、プレイスメイキングの方法論は新たな課題を解決する事業に取り入れられると同時に、ＰＰＳを中心にそれを体系化して広く周知するための啓蒙活動も積極的に行われている。その結果、多くの行政の財政が逼迫している現在、住民や利害関係者と専門家が協働しボトムアップで地域の環境改善を図るプレイスメイキングの計画手法は、あらためてその価値を見いだされている。

4 日本にも息づく「プレイス」の文脈

日本の公共空間の歴史は、都市デザイン研究体がその著書『日本の広場』の中で体系的にまとめている。ここではその内容を参考に、日本の公共空間の特徴を整理する。

日本では元来、道路や社寺境内等のそれ自体が主たる機能を持った空間を、周辺住民等が公共空間としての応用可能性を発見し、一時的に主機能とは異なる活動を持ち込んで広場化してきた。そのため、日本の公共空間は欧米の広場のように公共的な活動のためにデザインされたものではなく、公共空間としての確立された形態は存在しない。人々は日常的に利用する各種の機能を持った空間について、その形態や管理の状況から公共的利用に適しているかどうかを判断し、個々の活動に合った設備や備品等を付加することで公共空間を仮設的に構築してきた。

こうした日本の空間活用の文化は、地域の多様な関係者と協働で進めるプレイスメイキングの理念と共通するものであり、ボトムアップ型のプロセスの素地があると言える。また、そのような空間は人々が主たる機能として日常的に利用するなかで地域の共有空間としての印象が形成されていく場合が多い。そのため、前述したプレイスを構成する三つの要素のうち、その空間の主機能とは異なる活動の役割が特に大きい。日常的には人の通行や物の輸送に供される道路空間を祭りの舞台や縁日に活用する、神道や仏教といった心理的拠り所である社寺の境内で地域の集会や興行を行う、といった行為は、空間の形態ではなく人々の活動の変化によって、プレイスとなっている。それによって、もともと備わっている空間の形態や印象が大きく変化する点が、日本独自の公共空間の特徴である。

しかし、近代以降に欧米を規範とした都市計画によって生みだされてきた新しい公共空間は、それまでの日本独自の公共空間のあり方を十分に踏まえていないことや都市施設としての効率的な機能整備を優先したこと、社会や産業構造の変化に伴い人々の生活様式が大きく変わったこと等の理由から、人々の生活に根ざしたプレイスとはなれず、単なるスペースにとどまっているものが多い。このような伝統的な公共空間と近代以降の公共空間の違いが、現代の公共空間活用の機運の高まりにも影響していると考えられる（図7）。

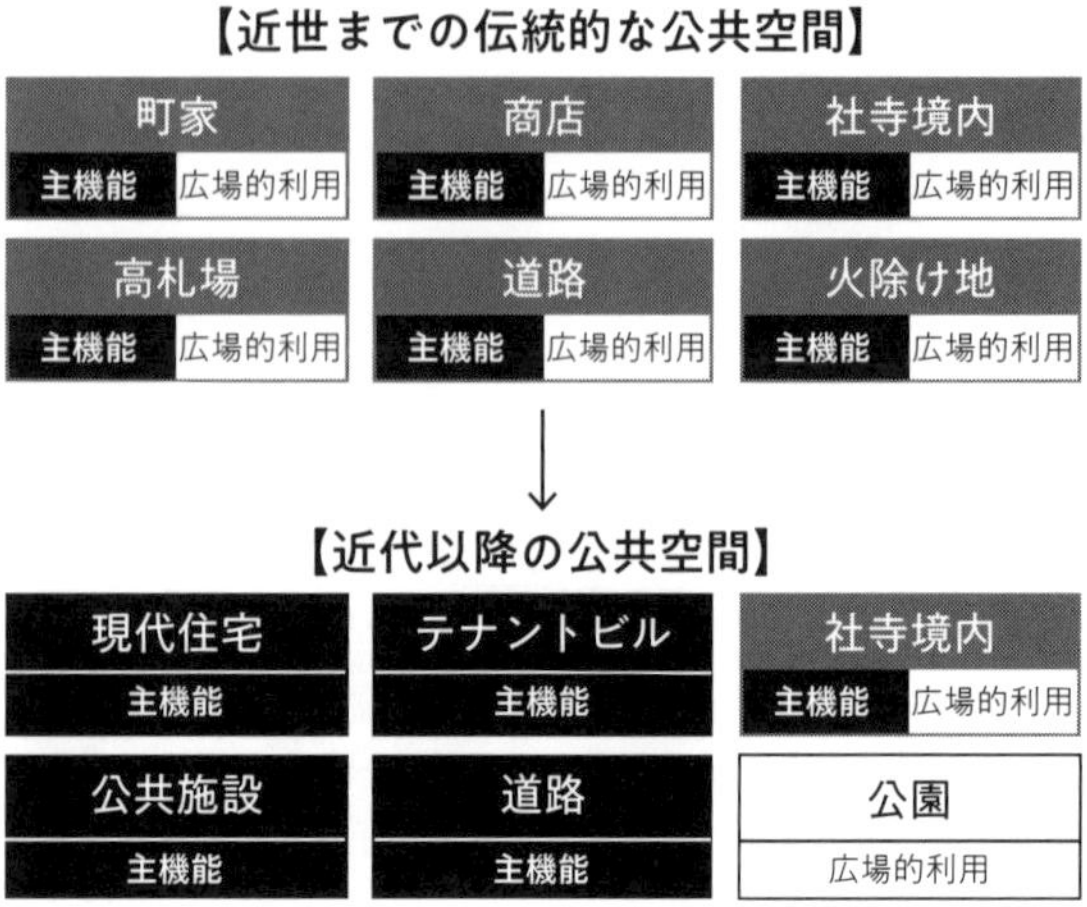

図7　伝統的な公共空間と近代以降の公共空間の対比

時代の流れの中で日本の公共空間を取り巻く環境は大きく変化し、空間の種類や地域によっては伝統的な特徴を継承することが困難な状況も生まれている。その主な原因として、以下の五つが考えられる。

①都市施設の効率化や用途の単純化、主機能の優先によって広場化の余地がなくなっていること。特に道路は自動車の普及によって基本

的に自動車交通が最優先され、歩行者はその妨げとなるという位置づけに変わった。

②公園は公共空間の象徴とも言える空間だが、近代（明治6年以降）になって海外から持ち込まれた概念であり、その空間の形態、規模、利用の仕方が日本の広場化の文化とは異なっていること。

③社会構造や就業形態、属性の偏った居住環境によって、地域の公共空間を利用する人々の多様性が喪失したこと。特に郊外の団地や住宅地ではその傾向が顕著である。

④公物管理法によって公共空間の管理が厳格化され、利用者を主体とした伝統的な広場化による活用のハードルが著しく高くなったこと。

⑤公共空間の整備段階と活用段階が事業手法と活用制度の体系上で分離していること。

これらの課題を解決する際に、プレイスメイキングがどのように役立つかを考えてみたい。

①については、機能性を優先するあまり、人々の居場所がオフィスビルや商業施設といった目的が明確な建物の内部に押し込まれてしまっているため、空間の改善と併せて公共空間で過ごすことの価値を再認識することから始める必要がある。そして、街なかの空間は必ずしも機能と空間が1対1で対応しているわけではなく、時間帯や目的に応じて一つの空間を複数の活動場所として利用できるという意識づけも重要になる。

特に道路は、法的位置づけから通行「のみ」のための空間として認識され、立ち止まることとすら望ましくないとされるほど管理が厳しい状況である。しかし、元来広場の概念を持たなかった日本の街では、道路は歴史的にも重要な公共空間であり、より積極的な活用が望まれている。そのため、プレイスメイキングの手法の一つであるLQC（2章で詳述）を用いた暫定的な試行を通して活用の実例をつくり、道路管理に対する認識や可能性を現場レベルから変革していくことが有効である。その先に、都市計画上の用途地域や建築のビルディング・タイプに縛られない公共空間が多様な活動の受け皿となり、そうしたプレイスが増えることで都市の魅力が増す可能性が生まれる。

②については、これまで人々の生活動線に近い道路や精神的な拠り所である社寺境内を公共的な広場として活用してきた日本に、公共的な活動専用の空間が入ってきたことで、その活用が定着する場所とそうでない場所が存在している。土地区画整理事業では、事業用地の3％以上を公園とすることが義務づけられるなど、明治初期の導入以後、積極的に公園がつくられてきた。

実際に人々に活用されている公園は日常的な生活動線に近いものや、生活動線から外れていても規模が大きく目的が明確なものが多い一方、生活動線から離れたものや管理と人の目が行き届かないものは、治安が悪化するなど逆に地域の不安材料となっている。こうした状況は、地域単位で生活動線との結節や周辺環境も含めた設えの改善等を行うことで一定程度解決を図ることができ、その際にプレイスメイキングの戦略的なプロセス・デザインが有効に働く。

③については、プレイスメイキングの取り組みの主体となる「地域の多様な関係者」の不在にもつながる重要な課題である。この部分に関しては、より広域での土地利用計画等に関わる部分が

大きいため、短期での解決は難しいが、居住者の属性に偏りがある分、そうした人々のニーズやウォンツを把握し、公共空間の的確な改善案が提示できれば効果も大きい。その際、地域で実際に動ける人や組織がどの程度いるか、またさまざまなアイデアやノウハウを取り入れるための外部協力者をいかに招き入れるかが課題となる。

④については、利用者を迎え入れるための雰囲気をつくるべき入口に禁止事項を羅列した看板が掛けられている公園や公開空地も少なくなく、空間の活動の多様性を阻害する最大の要因となっている。この点については、所有者・管理者・運営者のつながりを強化するか、逆に管理権限や運営権限をパブリック・マインド（私益のみでなく公益の意識を持って事業や活動を行う精神）を持った事業者や利用者に任せ権限を移譲することが一つの解決策である。

また、利用者側も、地域で共有している公共空間の使い手としての意識を持ち、トラブルや望ましくない利用が発生した際に人のせいにせず、自分ごととして解決する姿勢が重要であり、プレイスメイキングはそうした姿勢の醸成にも役立つ。

⑤については、プレイスメイキングの効果が大きく発揮される領域である。新設する空間に関しては、整備後どのように利用されるかをきちんと想定し、運営管理も含めて地域が自立的に担えるしくみを構築していくことが重要である。また、地域の個性や場所への愛着を育むためにも整備から活用までを一貫したプロセスで行い、将来の利用者や地域の多様な関係者が計画の初期段階から携わる状況を生みだすことが重要である。

このように、これらの課題を克服するためには、必要に応じた法制度の改正による規制緩和や公共空間の活用に対する土地所有者や管理者の理解、活用プロセスの明確化と簡略化や利用者への啓蒙等、国や地方自治体、専門家が取り組むべき内容も多い。

一方で、空間の種別を問わず、管理者と利用者の連携の強化、道路空間の沿道事業者の協力、既存の空間でできることから始めること等、利用者や利害関係者が主体となって始められる活動も多い。そして、伝統的に市民が自ら積極的に既存の空間を広場化してきた日本の歴史を振り返れば、ボトムアップ型で現在の公共空間を取り巻く環境を改善していく際に、プレイスメイキングはその有効な都市デザイン手法の一つとなりうる。

＊1　園田聡「日本の公共的空間の整備・活用におけるプレイスメイキングの展開に関する研究」工学院大学博士論文、2014年
＊2　J.Punter, Participation in the design of urban space, Landscape Design, Issue 200, 1991
＊3　J.Montgomery, Making a City, Journal of Urban Design, Vol.3, No.1, 1998
＊4　ヤン・ゲール『建物のあいだのアクティビティ』鹿島出版会、2011年
＊5　前掲＊4
＊6　ヘルマン・ヘルツベルハー『都市と建築のパブリックスペース』鹿島出版会、2011年
＊7　Paul Davidoff, Advocacy and Pluralism in Planning, Journal of the American Institute of Planners, 1965
＊8　David Harvey, The Right to the City, New Left Review, 53, 2008
＊9　William H.Whyte, The Social Life of Small Urban Spaces, Project for Public Spaces, 1980
＊10　クリストファー・アレグザンダー『パタン・ランゲージ』鹿島出版会、1984年

2章

プレイスメイキングのレシピ

2章では、プレイスメイキングに取り組む際のポイントとなるプロセス（10のフェーズ）と手法（10のメソッド）を整理していく。

1 プレイスメイキングの10のフェーズ

プレイスメイキングを実践する際に最も重要なのは、目指す成果に辿り着くためのプロセスをいかにデザインするかということである。地域ごとの特性や可能性を読み解き、多様な関係者を巻き込んで進めていく際に、最初にそのプロセスを丁寧にデザインしておくことで、いざ走りだした後にスムーズ展開できる。この項では、そのプロセスを10のフェーズに分割して解説する。

Phase 1　「なぜやるか」を共有する
Phase 2　地区の潜在力を発掘する
Phase 3　成功への仮説を立てる
Phase 4　プロジェクト・チームをつくる
Phase 5　段階的に試行する
Phase 6　試行の結果を検証する
Phase 7　空間と運営をデザインする
Phase 8　常態化のためのしくみをつくる

Phase 9　長期的なビジョン・計画に位置づける
Phase 10　取り組みを検証し、改善する

Phase 1 「なぜやるか」を共有する

取り組みのミッションを明確にし、メンバーと共有すること、これがプレイスメイキングの第一歩となる。公物管理法の規制緩和も進み、国内でもさまざまな公共空間の活用事例が生まれている今だからこそ、「何をやるか」「どうやるか」の議論の前に、「なぜやるか」をしっかりと考え、これから一緒に取り組む仲間や関係者と共有することが非常に大切である。

それは、壮大な社会課題の解決や政策的な構想などでなくてよい。たとえば「友人と出会えるような街のサロン的空間が欲しい」「川岸の景色を見ながら美味しい食事ができるオープンカフェが欲しい」「カップルが楽しめるデートコースが欲しい」「子どもが安心して走り回れる広場が欲しい」といった、ごく身近な自分自身の問題意識からミッションを考えればよい。

プレイスメイキングは「自分ごと」で語り、始められる都市デザイン手法であることも大きな魅力であり、取り組む人の主観に基づいた「なぜやるか」というゴールがより具体的であればあるほど、取り組みへの賛同を得ることができる。ゴールが明確になれば、現状とのギャップとそこに横たわる課題があぶりだされ、取り組みの目的をはっきりと共有することができるからである。

プレイスメイキングはゲリラ活動ではない。自分たちが頭に描く豊かな暮らしのシーンを実現するためにバックキャストで思考する戦略的なプロセスである。そのために、まずは「自分ごと」としての「なぜやるか」を設定しよう。

Phase 2 地区の潜在力を発掘する

「なぜやるか」というゴール設定を明確にしたら、次はそれをどこで実現するかを考えてみる。住民であれば自分の住む街を、事業者や行政職員であれば事業・計画を行う街を、コンサルタントであれば業務のフィールドとなる地域を対象にフィールドサーベイ（街歩きによる調査）と簡易的な空間評価を行うことで、潜在力を持った空間を発掘することができる。

その際には、次節で解説する〈Method 1 チェック・シート〉（63頁参照）を活用すると、その空間の現在の健康状態やポテンシャルを把握できる。典型的な状態としては、現在はまったく利用されていない、もしくは利用者が極端に少ないが、近隣で新たな開発や道路整備等の予定がある場合や、その公共空間の状況を変えることで周辺地域の賑わいが回復しそうな場合、または住民や事業者等の関係者がその空間に強い愛着や地域の歴史の象徴といった心理的な価値を感じている場合などがある。こういった場所は、魅力的な空間へ変えられる可能性がある。

このような健康診断を行いながら、後述する〈Method 2 ザ・パワー・オブ10〉（65頁参照）の考え方に基づき、自分の定めたゴール設定に関連づけて改変・活用できそうな空間を10カ所挙げてみる。もちろんいきなり10カ所すべてで取り組むことはできないが、その中の3カ所程度をパイロットプロジェクトと位置づけて取り組みの足がかりとする。

10カ所を挙げる理由は、取り組みが進んでいった際に、次の展開を仕掛けられる空間、相乗効果が見込めそうな空間、ある対象地でできなかったことが試せる空間、などを事前に把握しておくことで、1カ所の小さな空間から始めた取り組みをエリアへと波及させるためである。

Phase 3 成功への仮説を立てる

対象となる空間を設定したら、最終的に目指す「豊かなシーン」へ辿り着くための「仮説」を立ててみる。ここでの注意点は、具体的な空間が決まったからといって、いきなりその空間の問題点を探し、それを解決するアイデアの検討を始めないことである。

この取り組みで目指しているのは、その場所の改善ではなく、あくまで最初に設定した「豊かなシーン」を実現することである。たとえば、その場所は人通りがあまりなく近くに店もないような寂しい場所かもしれない。しかし、仮に当初設定したゴールが「外で気持ちよくコーヒーを飲みながらゆっくり本を読める場所」であれば、多くの人通りがあるわけでなく、イベントに使われるような場所でもないこの空間は、描いたシーンに非常に適した場所かもしれない。つまり、このゴールを達成するためにやるべきことは、イベント活用や多くの人に認知されることより、落ち着いて座れる椅子等の座具をデザインして配置することや、読書のお供となる美味しいコーヒーショップを誘致することかもしれない。

このように、最初に「なぜやるか」を明確にしておくことで、対象とする空間の隠れた可能性や本当に必要な改変のポイントが見えてくるのである。このような空間のアイデアが思いついたら、後述する〈Method 3 ストーリー・シート〉（68頁参照）を用いて、いつ、誰が、どんな動機で、誰と、どのくらいの時間、利用するのかといった仮説を立ててみる。

そしてその仮説を検証するために行う暫定的な実証実験が、最初のアクションになる。それに向けて、ここではその仮説を検証するために必要な空間のイメージを検討し、そのイメージと現状とのギャップ（空間の改変や設備・備品を追加しなければならないもの）を洗いだしておくことが重要である。そうすることで、最初のアクションに向けてやるべきことを把握することができ、そのために必要な仲間や期間、費用をイメージすることができる。

Phase 4 プロジェクト・チームをつくる

仮説を立てたら、それを実証するためのチームをつくろう。実証すべきこととの内容や規模によって、友人・知人から、地権者、管理者、事業者、行政、都市計画や建築の専門家、メディア等、さまざまな立場の人との協働・連携が必要になってくる。そうした人たちの役割を明確にした上で仲間を集め、プロジェクト・チームを組成する。

その際には、後述する〈Method 4 ステークホルダー・マップ〉（69頁参照）や〈Method 5 サ

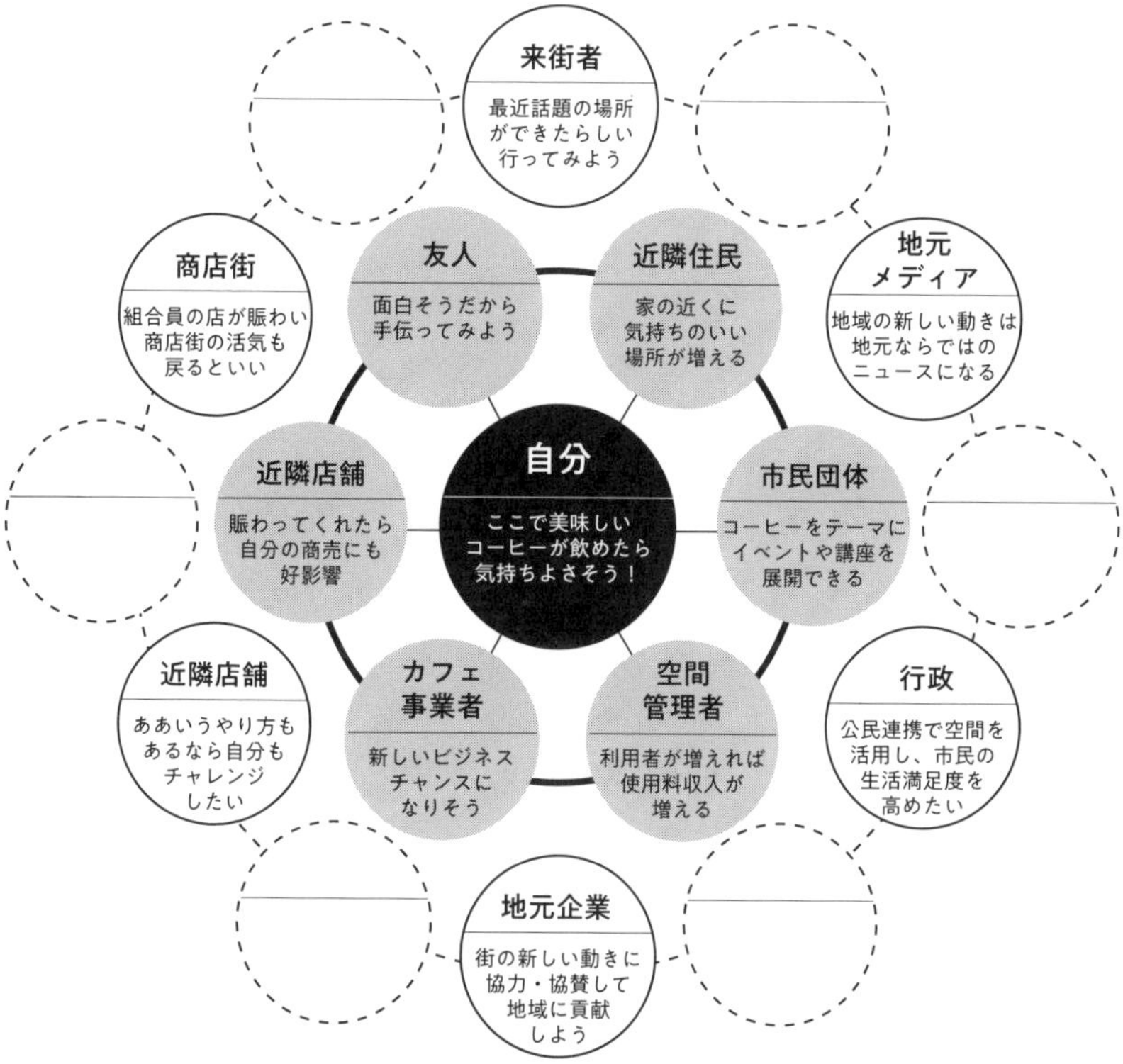

図1　多様なニーズをプロジェクトで実現する Win-Winの関係づくり

ウンディング〉の「フォーカス・グループ」（72頁参照）を活用すると整理がしやすい。その空間に関わる人や組織は思った以上にたくさんおり、なかには行政や企業のような大きな組織もある。しかし、臆することはない。「なぜやるか」という想いやそれを実現できる可能性を持った対象空間の調査結果、そして検証したい仮説のワクワクするストーリーを持って、「この指とまれ」という感覚で1人1人丁寧に声をかけていけば、きっと協力してくれる人は現れる。

その際に大切なのは、自分の思いを伝えつつ、相手にとってのメリットも提示しながら相談することである。友人や近所の住民、近隣の商店や事業所、NPO等の非営利団体、行政や地域の専門家、専門的な能力を持った人々等、その空間への関わり方、担ってもらう役割によって相手が感じるメリットはさまざまである。一利用者としてその空間が使えれば嬉しいという人もいれば、団体の新しい活動ができそう、自分の能力が活かせそう、自分の店の客が増えそう、空間の管理費が削減できそう等々、相手の潜在的なニーズをイメージしながら、Win-Winの関係性をつくることができれば、その人や組織は強い味方になってくれるだろう（図1）。

Phase 5 段階的に試行する

プロジェクト・チームが組成できたら、いよいよ最初のアクションを実行する。仮説を実行に移すことは、プレイスメイキングのプロセスにおいて非常に重要なステップである。チームの熱が冷めないうちに、結果が見えやすい取り組みからすぐに実行するのが最良である。自分たちのアイデアが実現することは、協力者の意識を活動につなぎとめ勇気づけることにもつながる。そして対象となる公共空間で新たな活動が起これば、周辺の関係者や街を訪れる人々にも街の変化を感じてもらえる。

試行は、後述する〈Method 6 簡単に、素早く、安く（LQC）〉（74頁参照）の考え方に基づいて、低リスク・低コストでできることから始めるのが重要であり、その際には可能な限り設定した仮説に近い状況をつくって実施することが望ましい。

このアクションは、先に述べた機運醸成の意味あいもあるが、基本的には設定した仮説の検証作業として実施するものである。目指すゴールを実現するための仮説が街の人にどの程度響くのか、そしてイメージした空間を演出していくには何が使えて何が足りないのか等、試行を行うことで多くの情報が得られる。これが今後の本格実施や長期的なプランの検討に結びついていく。

試行は一度やれば十分とは限らない。最終的なゴールが大規模な都市空間の改変を伴うものであれば、目的をしっかり設定した上で、何度か試行を実施してその精度を高めていくことも有効である。特に店舗設置等の収益事業を伴う場合は、最低でも1年間を通した季節ごとの売上の変化や投資回収を見込んだ事業期間の設定、収支計画が成立するための賃料設定や運営管理のオペレーション等を正しく把握しなくてはならず、試行の規模や期間もそうした目的を達成できるものにする必要がある。そして、「やってみせる、体感する」ことを通してプロジェクト・チームとは別にサポーターやファンを増やすことも心掛けたい。

Phase 6 試行の結果を検証する

試行を行ったら、可能な限り早いタイミングでその結果を検証する。試行の成果と課題を明確に整理することで、次のアクションをより精度の高いものにできる。試行の内容によって検証すべき項目はさまざまであるが、ここでは特にアクティビティを生みだすための検証方法を例にする。

まずは、後述する〈Method 7 フィードバック・ミーティング〉（76頁参照）の要領で試行に協力してくれた関係者と振り返り会を行い、項目ごとに成果と課題、その他の気づきを整理する。この際、設定した仮説と照らしあわせてハード的要素（空間・設備・備品等）とソフト的要素（提供したコンテンツ、運営・管理、体制等）の両面から検証を行うことが重要であり、その解決策についても実際に現場にいた関係者からアイデアを得られると、次への動き方がより明確になる。

もう一つは、その場を訪れた人のアクティビティの多様性と滞留時間を測る〈Method 8 プレイス・サーベイ〉（78頁参照）である。これまで、公共空間の活用の成否は来場者数や前面道路の通行者数等で評価されてきた。しかし、先にも例示したように、公共空間というのは必ずしも人がたくさん来たらよいという場所だけではない。これはごく当たり前のことだが、実務の現場ではまだまだこのことが十分に理解されていなかったり、活用の効果をそうした指標以外で示すことができず悩んでいる関係者が多い。

もちろん、空間の性格やゴール設定によっては多くの利用者を集めることが重要である場合も

図2　これまでの公共空間の評価指標（上）、これからの評価指標（下）

あるが、プレイスメイキングではそうした単純に定量化できるものだけでなく、定性的な要素や人の属性やアクティビティの多様性という新しい切り口で定量化を試みることも大切にしている（図2）。その実際の測り方については後述するが、仮説の設定や空間の特性に合わせた検証項目を設けて効果測定を行うことが、非常に重要である。

Phase 7　空間と運営をデザインする

試行の検証結果をもとに、常態化に向けた空間と運営方法をデザインする。対象とした空間が、描いた使い方とマッチしていない場合は、使いやすくするために改修のデザインと計画を作成する必要がある。その際には、空間の規模や形状、屋根や植栽といった大きな要素から、電気設備や給排水等のインフラ、座具やテーブル、テントや案内版等の備品類まで、スケールや費用、管理主体等、いくつかのフィルターごとに整理していくと、誰がどのように対応するかを明確にしやすい。

さらに、それらの設備や備品がないと目的が達成できないのか、あった方がよいが必須なのか、といった優先順位を整理しておくことも重要である。そして、設備・備品の有無や優先順位を判断する際には、利用者はもとよりそれを実際に活用する運営者・管理者の意向を聞いて決めることが非常に重要である。空間や設備をつくりきってから運営者・管理者に渡すのではなく、運営者・管理者が必要だと思うものを優先的に配置することで、空間の使いやすさや運営の質が圧倒的に変わるためである。

また、空間のデザインだけでなく、その空間の特性を活かしてコンテンツやサービスを提供する運営方法もデザインすることが重要である。特に公共空間で営利行為を伴うコンテンツやサービス提供を行う場合には、その必要性や公益性を説明できる実施のしくみを構築する必要がある。国の特例制度等を用いて活用を行う場合には、制度の中でそうした整理が一定程度できるようになっているが、そうした公的位置づけのない小さな取り組みを行う場合にはこの部分が大きな課題になることも多い。そのため、常態化に移る前の段階で、実施しようとする取り組みが誰にどのような豊かさを提供し、それがいかに公益性を持つかという前提を整理しておくことが重要である。

Phase 8 常態化のためのしくみをつくる

試行の検証結果に基づいた空間と運営のデザインと並行する形で、試行から常態化させるためのしくみを検討する。行政が所有する公共空間、特に道路空間では、特例制度を利用した社会実験として暫定的に活用することが許可される道筋はあっても、それを10年、20年といったスパンで定着させていくことは未だにハードルが高い。また、比較的活用の自由度が高い公園や広場についても、新しい運営管理のルール（運用基準や要綱、条例等）を策定する、もしくは既存のルールを変更する場合は、適切な運営を行うための検討が必要となる。

この段階では、ハード的な改修をどのように、誰の費用で、いつ行うか、ということももちろんだが、再整備後の運営管理のしくみや、積極的に活用していく事業者の選定・評価の方法、地域

快適な空間・設備：ハード面の主な検討項目

安心 安全	清潔感 快適性	歓迎感 親近感	多様性 包容力
・歩車分離 ・安全な動線計画 ・立地の選択 ・死角の排除	・清掃、管理の しやすい仕上げ ・屋根や高木 ・ランドスケープ デザイン	・アフォーダンス ・視線の誘導 ・座具のデザイン ・サイン計画	・ユニバーサル デザイン ・アメニティ設備 の配置計画 ・適度な空間分節

効果的な運営・管理：ソフト面の主な検討項目

安心 安全	清潔感 快適性	歓迎感 親近感	多様性 包容力
・人の目がある ・生活動線に近い ・近隣連携がある ・常に利用される	・ゴミがない ・管理されている ・日向／日陰がある ・季節を感じる	・入口が明確 ・空間が見渡せる ・座具がきれい ・案内がある	・誰でも使える ・禁止事が少ない ・適切なサービス 提供がある

図3　常態化に向けたハード／ソフトの検討事項

や近隣との連携の方法、空間の認知を高めていくためのＰＲの方法等、ソフト的な観点での検討事項が多く発生する（図３）。そのため、プロジェクト・チームにも、そうした制度を理解し、しくみの構築も支援できるような人材が加わっていることが望ましい。

実際の運営管理においてどのような制度やしくみを用いることが適切かは、対象とする空間の公物管理法や、所有者・管理者の方針、地域や近隣組織との関係性によってオーダーメイドで仕上げていくしかない。

Phase 9　長期的なビジョン・計画に位置づける

対象とする空間が行政が所有する場合は特に、一連の取り組みによって生まれた新しいプレイスの公共性、公益性を明確にし、自治体の関連計画に位置づける、新たな計画を策定する等、長期的なビジョン・計画に位置づけることが重要である（後述する〈Method 10 プレイスメイキング・プラン〉、83頁参照）。

空間の改修や整備を長期的なビジョンや計画に位置づけることは現在でも行われているが、重要なのはその順番である。これまでのような机上の議論で検討して作成した計画に基づいてアクションを行うのではなく、低リスク・低コストな試行とその検証を行った上で、その効果が明確になったものを後から計画で担保するということに大きな意味がある（図４）。

戦後の復興期や高度経済成長期には、一定の質の空間を一律に、大量に整備することで、人々

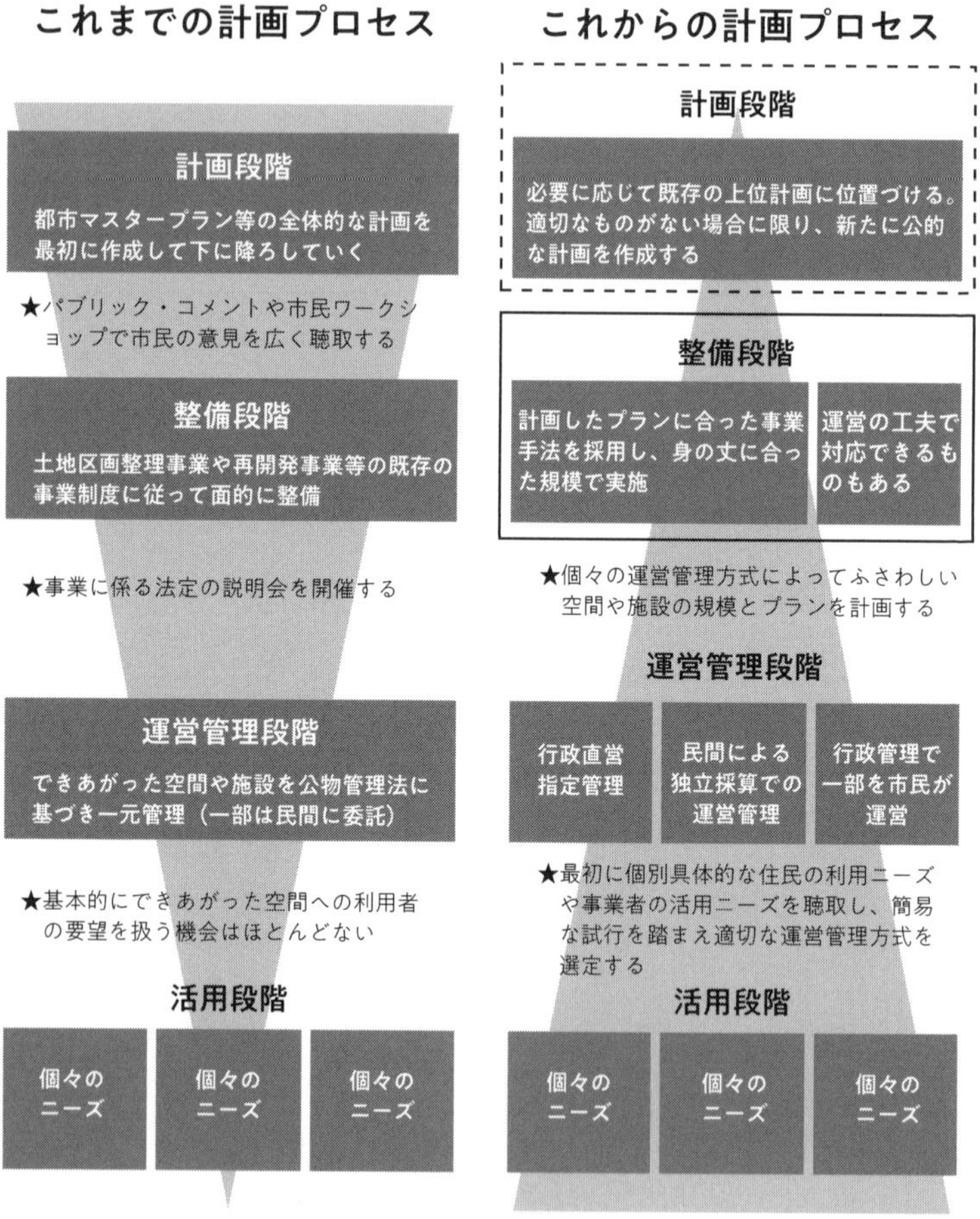
これまでの計画プロセス
計画段階
都市マスタープラン等の全体的な計画を最初に作成して下に降ろしていく
★パブリック・コメントや市民ワークショップで市民の意見を広く聴取する
整備段階
土地区画整理事業や再開発事業等の既存の事業制度に従って面的に整備
★事業に係る法定の説明会を開催する
運営管理段階
できあがった空間や施設を公物管理法に基づき一元管理（一部は民間に委託）
★基本的にできあがった空間への利用者の要望を扱う機会はほとんどない
活用段階
個々のニーズ
個々のニーズ
個々のニーズ
これからの計画プロセス
計画段階
必要に応じて既存の上位計画に位置づける。適切なものがない場合に限り、新たに公的な計画を作成する
整備段階
計画したプランに合った事業手法を採用し、身の丈に合った規模で実施
運営の工夫で対応できるものもある
★個々の運営管理方式によってふさわしい空間や施設の規模とプランを計画する
運営管理段階
行政直営 指定管理
民間による独立採算での運営管理
行政管理で一部を市民が運営
★最初に個別具体的な住民の利用ニーズや事業者の活用ニーズを聴取し、簡易な試行を踏まえ適切な運営管理方式を選定する
活用段階
個々のニーズ
個々のニーズ
個々のニーズ
図4　これまでの計画プロセス（左）、これからの計画プロセス（右）

の暮らしを「マイナス」から「ゼロ」に戻すことが求められてきた。しかし、人口が減少していくこれからの時代には、その街や空間の特性を際立たせて差別化し、付加価値を与えることで「ゼロ」から「プラス」にするしくみが求められる。プレイスメイキングのプロセスはそれを実現する手法にもなりうる。

Phase 10 取り組みを検証し、改善する

プレイスメイキングに終わりはない。長期的な計画に位置づけてその空間の環境や意義を担保する際には詳細を決めて固定化するのではなく、今後も時代に応じた空間の改修や新しい活用の動きを認めていくことを担保することが非常に重要である。空間の質や求められるコンテンツは社会状況や周辺環境の変化に伴って常に変化するため、それに対応した調査を定期的に行い、ニーズや実情とギャップがある場合にはそれを改善する、というプロセスを繰り返すことで常に最適な空間であり続けられるような計画とする必要がある。

現在の一般的な都市計画の考え方では、このような流動的な空間のあり方を担保する形で行政計画をまとめることは難しい側面もあるだろう。しかし、こうした位置づけを実現できれば、すべての都市空間を行政が計画・整備するのでなく、アイデアを持った市民がそれぞれの空間のあり方を考え、時代に応じて最適な環境にカスタマイズしてくれるという利点もある。「都市計画・都市デザインの新たな役割分担」を実現していくことは、これからの時代の都市経営の選択肢の一つに

なりうる。

2 プレイスメイキングの10のメソッド

次に、プレイスメイキングのプロセスで用いる10のメソッドを解説する。ここで紹介するメソッドは先に挙げた10のフェーズを効果的に進めるためのアイデアであり、取り組みを手助けしてくれる強い味方となるだろう。

ただし、これらのメソッドはあくまで一例であり、実際にはそれぞれの地域や現場の実情に合わせて形式や項目をカスタマイズして用いる必要がある。いかに日本の都市が均質化しているといっても、他の都市とまったく同じ都市は存在しない。ここで紹介するメソッドをテンプレートとして自分の街を見た時に、当てはまらない環境や状況が多分に出てくるだろうが、それこそがその街の個性であり、独自性を発揮できる可能性を持った資源である。

Method 1　チェック・シート（Check Sheet）
Method 2　ザ・パワー・オブ10（The Power of 10）

Method 3 ストーリー・シート（Story Sheet）
Method 4 ステークホルダー・マップ（Stakeholder Map）
Method 5 サウンディング（Sounding）
Method 6 簡単に、素早く、安く（Lighter, Quicker, Cheaper）
Method 7 フィードバック・ミーティング（Feedback Meeting）
Method 8 プレイス・サーベイ（Place Survey）
Method 9 キャラクター・マップ（Character Map）
Method 10 プレイスメイキング・プラン（Placemaking Plan）

Method 1 チェック・シート（Check Sheet）

前述した〈Phase 1〉での「なぜやるか」を明確にしたら、それを実現するためのフィールドを選定する。まず街を歩き、複数の候補地の空間評価を行う。空間評価は1人でもできるが、多様な視点からその空間の潜在力を見つけだすため、近隣住民や行政職員、デザイナーや飲食事業者等、複数の異なる属性、専門性を持つ人物やグループと協働して実施することが望ましい。

そして、その地域で活発に利用されている空間や改善すべき空間、見捨てられている空間等をリストアップし、それぞれの空間の所在を地図に落とし込み、空間の健康診断を行う「チェック・

「アクセスとつながり」
・離れた場所からでも入口が見えるか
・その空間で何が行われているかわかりやすいか
・入居テナントの業種や機能はわかりやすいか
・それらに関する情報やサイン、標識等が設置されているか
・標識や地図、周辺情報等は十分にあるか
・その空間へは行きやすいか（車道を横切らずに行けるか）
・人の動線に合わせた歩道や路地、道路の配置がされているか
・そこへ行くために複数の交通手段が用意されているか（バス、電車、車、自転車等）
・ユニバーサル・デザインに配慮されているか
・車が歩行者の空間を占有していないか、もしくは通行を妨げていないか
「快適性とイメージ」
・その空間は離れた場所から見た場合、空間の中に入った場合、よい第一印象を持てるか
・男性よりも多くの女性がいるか
・そこには日陰や日向等、座る場所の選択肢が複数あるか
・天候の変化に対応できる設備や備品があるか（傘や屋根のある東屋等）
・その空間はゴミが散らかっておらず清潔か
・その空間および周辺の地区は安全だと感じられるか
・その空間は人々の利用のニーズに応えられているか
「使い方と利用」
・利用者がいるか
・多様な年齢や属性の人に利用されているか
・人々は1人で利用する傾向が強いか、それともグループで利用する傾向が強いか
・複数の種類の活動が行われているか（散歩や飲食、読書やミーティング等）
・その空間の多くの場所が利用されているか
・そこでやれることの選択肢が明確にわかるか（イベント予定やその会場等の情報の掲示）
・それはイベントや活動が開催されていることを証明できるか
・また、そのイベントの主催者や管理者に関する情報が掲示されているか
・空間のデザインは、そこで開催されるイベントをサポートするものになっているか
・管理者の表示がわかるものは設置されているか
・その空間を利用することは、来街者や周辺就労者の利益につながっているか
「社会性」
・その空間で友人と会える可能性はあるか
・利用者は互いに会話をしているか
・利用者は笑顔か
・利用者同士は知りあいもしくは顔見知りか
・他人同士であっても目線をあわせることがあるか
・人種や年齢の多様性は地域のコミュニティの属性を反映するものか
・利用者はゴミを見つけたら自主的に拾っているか
・周辺就労者はその空間の管理や活用を支援（ボランティア等）しているか

表1　PPSによるチェック・シート の例

（出典：PPS, A Guide to Neighborhood Placemaking in Chicago, Project for Public Space and Metropolitan Planning Council, 2008）

シート」に沿って各空間の評価を行う。エリアの地図や対象空間の平面図、その空間の状況を記録した写真や映像を併せて活用することで、後の議論や確認がスムーズに行える。

チェック・シートは街の状況に応じて適宜内容を調整して作成するが、ここでは一つの例としてPPSが作成しているシートを紹介する。PPSのチェック・シートは、「アクセスとつながり」「快適性とイメージ」「使い方と利用」「社会性」という四つの大項目から構成されている（表1）。

このチェック・シートの特徴は、観察によって把握できる要素、ハードに関する空間的な要素、ソフトに関する運営上の要素、利用者の振る舞いや安心感といった主観に基づく定性的要素など、さまざまな要素が内包されていることである。これは、統計や図面から把握できる情報のみでなく、実際の状況や利用者の様子を拠り所にする姿勢によるもので、社会学的研究から生まれたプレイスメイキングの理念を反映している。そして、観察を中心とした評価項目で構成することで、誰でもリストを作成することができ、専門家でなくても始められるプレイスメイキングのわかりやすい入口となっている。

Method 2 ザ・パワー・オブ10（The Power of 10）

チェック・シートで評価する空間候補は一つではない。PPSでは、計画を策定する際に「ザ・パワー・オブ10」と呼ばれる考え方を用いている。ザ・パワー・オブ10とは、「豊かな中心市街地には最低でも10の目的地となる場所が連続的に近接しているべきであり、各目的地はもっと小さな

10の場所によって構成されるべきである。そして、それぞれの場所は人々が携われる活動や行為をできるだけ多く（10以上）提供すべきである」という考え方である（図5）。

まずは身体感覚で掴める一つの空間を対象に、そこで10種類以上の多様なアクティビティを生みだす。その次に、そのような空間を一定の地区や1本の通り沿いに10カ所程度生みだす。それによって単体の賑わい空間が生まれるだけでなく、個々の空間の取り組みが相乗効果を発揮して「地区」や「通り」といった単位で面的に波及する状況をつくれる。そして最終的には、そうした地区や通りが10カ所程度集まることで、街なか全体（地方都市の中心市街地程度の範囲）で「豊かなシーン」を見かけるようになる。

このような段階的な広がりを持つ概念であることも、プレイスメイキングが都市デザイン手法として有効だと考えられる理由の一つである。

都市全体を俯瞰して計画し、それを個別の空間に落とし込んでデザインしていく従来のやり方は、行政以外の街の人々が実感を持って使いこなすには相当ハードルが高い。だからこそ、行政や専門家が責任を持って担うべきである。プレイスメイキングの方法論は、それを逆の流れで取り組む。潜在力を持った個別の空間の改修や活用促進から実際のアクティビティを生みだし、その成果を周辺へ連鎖させたり、さらに上位の計画に位置づけていく。これは従来の都市計画に対立するものではなく、新たな都市へのコミットメントの手法なのである。

図5　ザ・パワー・オブ10の概念

Method 3　ストーリー・シート(Story Sheet)

空間の調査が終わり、成功への仮説を立てる段階で活用するのが、「ストーリー・シート」である（図6）。建築をつくる際には、各機能を持った空間を、誰が、いつ、どのような目的で使うのか、特に住宅の場合は、そこに暮らす家族の年齢や働き方、趣味嗜好まで詳細に理解した上でオーダーメイドの空間を設計する。ところが、公共空間になると、利用者が不特定多数になることを理由に、そうした具体的な検討が十分になされないで設計されることが多い。空間の「形態」と「活動」が一致せず、利用されない空間が生まれてしまうのはこのためである。

　プレイスメイキングの取り組みではそうした状況を起こさないために、このストーリー・シートを用いて具体的な利用のイメージを作成した上

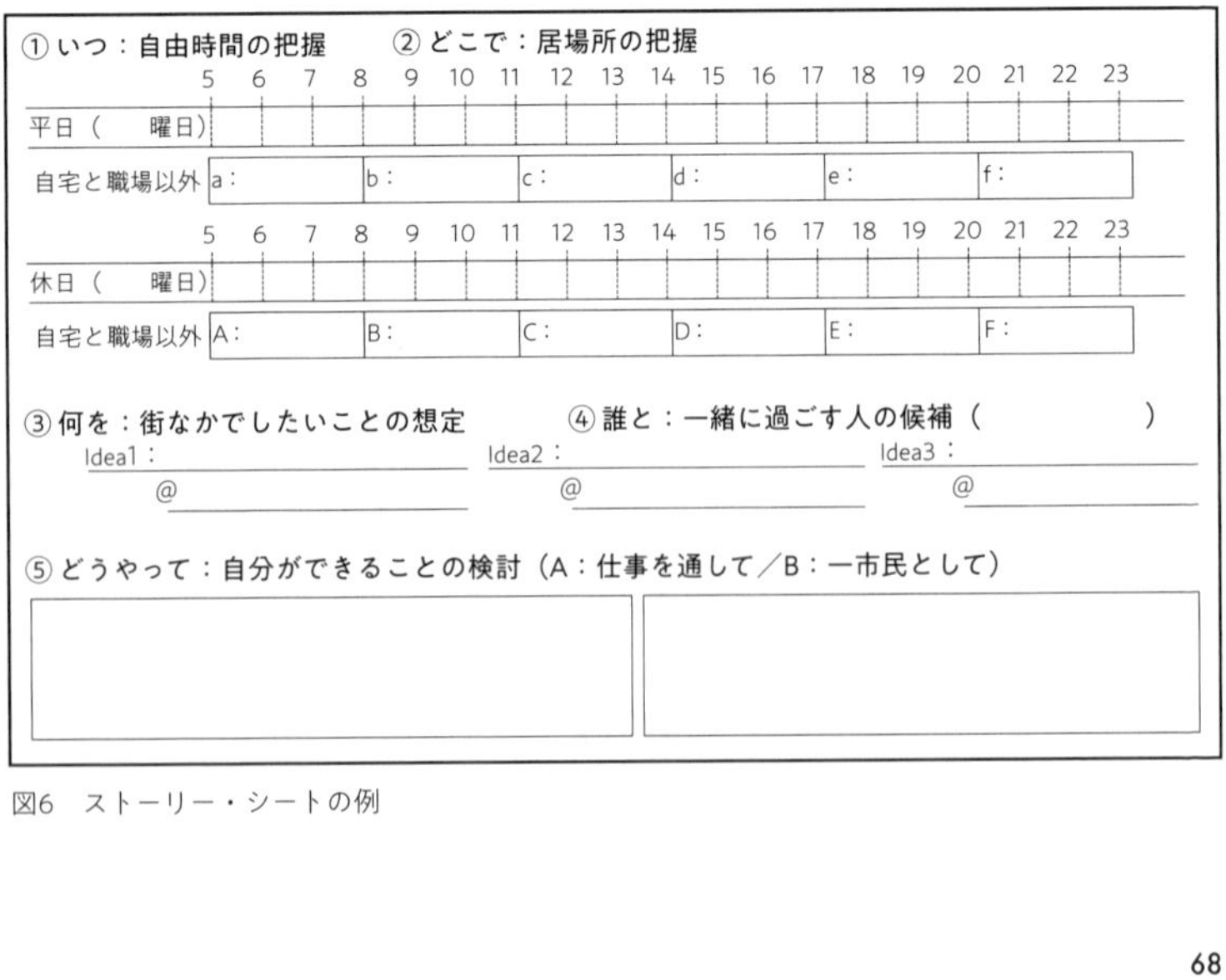

図6　ストーリー・シートの例

で、空間の活用を検討する。

ストーリー・シートでは二つの分析を行う。一つ目は、対象となる空間を四つのスケール（S、M、L、XL）で読み解き、チェック・シートの結果と合わせて「立地的・空間的な可能性」を整理するものである。対象となる空間は駅と住宅やオフィス、商業地を結ぶ日常の生活動線上にあるか、近隣に学校や保育園、図書館等、定期的に人が通う施設があるか、といったポジティブな状況を把握することで、その空間の潜在力がより具体的に見えてくる。

二つ目は、人の生活の視点から活用の内容を検討する「自由時間の想定」である。多くの場合、改修や活用を検討する公共空間は家でも職場でもない、第三の場所（サードプレイス）である。そのため、日々の生活においてそこを利用することができる時間がいつなのかを明確にする必要がある。一般的な会社員であれば、睡眠や食事、通勤や業務の時間を除くと、自分の自由になる時間は朝の出勤前、ランチタイム、退勤後の帰宅まで、そして休日である。その時間に対象空間を利用してもらう動機をつくることが、プレイスメイキングによる取り組みの核心である。

Method 4　ステークホルダー・マップ（Stakeholder Map）

仮説を実証する試行を企画、実施し、検証から空間・運営のデザインまでを一貫して行うためには、ゴールを共有できる多様な専門性と立場の人々が参加するプロジェクト・チームを組む必要がある。ここでは、その際に誰とどのようなパートナーシップを結ぶのか、そして将来的にこの

【クライアント】

議会
・意思決定方針やキーマン

行政：○○市
○市長（任期・重要施策）
・業務発注課
・都市計画系担当課
・都市整備系担当課
・産業振興系担当課
・公物管理関連課
・その他、業務関連課

【コアチーム】

業務受託者
○元請け事務所（計画等）
・協力事務所（設計系等）
・協力事務所（事業系等）
・アドバイザー（学識等）

地元協力者
・協力事務所（デザイン等）
・組織、人材仲介者等

【サポートチーム・利害関係者】

商工会議所
中心市街地活性化協議会等
○会頭（任期・活動方針・自社事業等）
・組織内の有力組織（人物）A
・組織内の有力組織（人物）B
・組織内の有力組織（人物）C

まちづくり会社：○○株式会社
○社長（任期・活動方針・自社事業等）
・組織内の有力人物 A　・現場担当者 A
・組織内の有力人物 B　・現場担当者 B

主力企業（大企業・交通事業者等）
・公共交通等の交通事業者
・地元の基幹産業の代表企業　等

有力事業者（地元の個人経営者等）
・地元の若手事業者
（飲食事業、サービス事業、観光事業等）
・地元の技術系事業者（ものづくり・IT 系等）
・地元のメディア、デザイン事務所　等

自治区・自治会等
・○○自治会　会長
・若手会員の代表者

商店街振興組合等
・○○商店街振興組合　会長
・若手会員の代表者

観光協会等
・○○観光協会　会長
・フィルムコミッション代表　等

農林水産系組合等
・○○業組合　組合長
・若手会員の代表者

文化芸術系団体
・○○会　会長
・若手会員の代表者

スポーツ系団体
・○○会　会長
・若手会員の代表者

サービス業系組合
・○○業組合　組合長
・若手会員の代表者

市民団体組織
・○○会　会長
・若手会員の代表者

その他の関係者
・○○会　会長
・若手会員の代表者

図7　ステークホルダー・マップの例

取り組みの利害関係者が誰なのか、といった情報を整理するための「ステークホルダー・マップ」(図7)について解説する。

整理すべき関係者は大きく分けて2種類ある。

一つ目は、プロジェクトのメンバーとなって共に対象空間の改修、活用の企画を練り、試行や検証を行い、空間・運営のデザインを行っていく「コアチーム」である。ここには、その空間に思い入れのある地元の住民や自由な発想で活用のアイデアを出せる事業者、空間をデザインする建築家や制度的な制約を解決し街全体へ効果を波及させる都市デザイナー、取り組みの意義や魅力を発信するデザイナー等がおり、取り組みの内容に応じて、さらに専門的な知見や能力を持った人物が加わることが必要である。

二つ目は、間接的にプロジェクトに協力するメリットを有する人や組織による「サポートチーム」である。ここには、対象空間の所有者や管理者、空間の活用内容に関わる行政の担当課、近隣の自治会や商店街振興組合、活用の内容に関わる業界団体や企業、ボランティア・スタッフ等がいる。

最初の取り組みは思いを共有する数人で小さく始められるのがプレイスメイキングの大きな特徴だが、その先の展開に進む際には多様な関係者の協力が必要になる。プロジェクトのフットワークを軽くするため、コアチームは役割分担が明確な少数に絞って意思決定を早くすることが重要である。しかし、将来的に必要不可欠となるサポートチームの協力者には、可能な限り初動期からつながりを持ち、ゴールや目的を共有しておくことが最終的な近道となる。

Method 5 サウンディング（Sounding）

ステークホルダー・マップと並んでプロジェクト・チームの組成時や、プランの検討時に有効なのが「フォーカス・グループ」の考え方である。プレイスメイキングでは多様な主体が関わることは非常に重要であるが、いわゆる一般的な「市民参加」の名の下に形式的にワークショップを行うようなことは、あまり有効な手段とはならない。取り組みの段階と、そこでの目的に合わせてふさわしいコミュニケーションの取り方がある。そのいくつかの手法を総称して、「サウンディング」と呼んでいる（図8）。

①ステークホルダー・インタビュー

取り組みに関係する街の人々や団体（基本的に先述のコアチーム＋サポートチーム）にヒアリングを行い、誰が何を課題に感じ、どこにメリットの種が潜んでいるかを把握することが主な狙いである。

②フォーカス・グループ

具体的なテーマを絞り、それに関する有識者的市民や事業者と意見交換を行う手法である。たとえば、対象空間での飲食サービスを検討している場合は移動販売やレストランの事業者に集まってもらい、必要な設備や集客の条件、事業の期間設定等について意見交換を行う。

③エキシビション

① ステークホルダー・インタビュー

・対象：プロジェクトで明確な利害が発生すると想定される関係者
・目的：プロジェクト関係者の利害を整理し、取り組みの判断基準や調整が必要な関係者、交渉の順序等を整理する。
・方法：行政や地元協力者の仲介を踏まえて関係者をリストアップし、プロジェクトで想定される変化に関してどのような利害があるかを直接対象者から聞き取る。

② フォーカス・グループ

・対象：プロジェクトで取り組む事業に関する特定の業種・業態（飲食事業やサービス提供等）の関係者（複数事業者）
・目的：対象地における特定の業種・業態の状況を把握し、事業として展開する際の留意事項や与条件を整理する。
・方法：対象とする業種の地元事業者（複数）に集まってもらい、事前に整理した確認事項についての意見聴取と議論を行う。

③ エキシビション

・対象：対象エリアや近隣で生活する不特定多数の人
・目的：プロジェクトの取り組みについて多様な属性、世代から広く意見を聴取し、ニーズやウォンツを把握する。
・方法：既存の大規模なイベント等でプロジェクトの紹介、解説ブースを設け、イベント来場者に広く意見を聞く。

図8　サウンディングの考え方

取り組みの対象空間、試行のアイデアや結果、今後の展開等、取り組みをビジュアルで表現して、既存のイベントや祭り等で展示し、広く大勢の人の意見を集める手法である。

この他にも、段階や状況に応じてさまざまなコミュニケーションの取り方が考えられる。ただ、いずれの場合にも共通して重要なのは、何の目的で誰を対象としてやるのか、そこで得られた情報をどう反映するのか、ということを事前に明確にして協力者にも誠意を持って伝えることである。

Method 6　簡単に、素早く、安く（Lighter, Quicker, Cheaper）

試行をする段階では、アイデアの一部でもよいので低リスク・低コストで早期に一度実践してみることが重要である。そのためのアクションを、ＰＰＳは「Lighter（簡単に）、Quicker（素早く）、Cheaper（安く）」と名づけ、その頭文字をとって「ＬＱＣ」と呼んでいる。

ＬＱＣの最大の特徴は、計画を固める前に、かけられる時間や予算、労力に合わせてまずは試行するという考え方である。多くの資金を投資して行う大規模開発と異なり、既存空間の再利用や仮設構造物の設置は最小限のコストで効果的に変化を起こせる。ＬＱＣで実施するこのような簡易的な試行は、未活用の空間と地区の個性を変えることができ、長期的な計画を立案・実施するためのパートナーを引きつけることができる。そして、実際に試行し検証した結果を空間のデザインや長期の計画に反映していくことで、その精度をより高めることができる。

また、ＬＱＣには、デモンストレーションを通して利用者や住民にそのプレイスの可能性を示

写真1　LQCのイメージ（デンバー市の例）
（出典：PPS, Brighton Boulevard: Managing Traffic While Creating Place, Context Sensitive Solutions.org, 2011）

すと同時に、協力を得ようとする利害関係者を実際の行動に移させるための根拠づくりにもなる。

近年日本でも増えている公共空間を活用する社会実験も、このＬＱＣと同じ役割を果たすものである。ＬＱＣは、簡易的な空間の改変とコンテンツの挿入から始め、それに次いで一般の人々が参加可能なイベントやプロジェクトを実施する。この「一般の人々が参加可能なプロジェクト」ということが重要であり、できるだけ協働できる、参加できるプログラムを盛り込むことで、空間に対する愛着を持つ人を育てていくことができる。

写真1はアメリカ・デンバー市で策定されたプレイスメイキング・プラン（後述）のＬＱＣのイメージである。現状の計画敷地は未舗装の街路であり、右側の一角に何台か自動車が停められているものの、歩行者は皆無であり、周辺一帯は閑散としている（左上）。そのような状況に対し、

ＬＱＣの最初の取り組みとして可動式の植栽ポッドで車道と歩道の空間を分節し、空間の形態を適切な規模に整えた上でキッチンカー等を用いたイベントを実施し、この場所の使い方の可能性を例示している（右上）。中期的な取り組みでは、歩道空間にペーブメントを施し、固定式ベンチ等のストリート・ファニチャーを設置して日常的な利用を促している（左下）。そして最終的には、車道への中央分離帯の設置や周辺建物の開発と商業テナントの誘致、歩行者空間のさらなる整備と合わせて、人々が日常的に利用し、都市のアメニティとなる空間へと整備していく（右下）ビジョンが視覚的に表現されている。

Method 7 フィードバック・ミーティング（Feedback Meeting）

ＬＱＣの試行後、取り組みの課題や可能性、空間・運営のデザインに反映すべき具体的な内容、近隣との関係性等、試行を通して得られたさまざまな情報を共有、整理、記録しておくための「フィードバック・ミーティング」（振り返り会）を開催することが重要である（写真2）。

ＬＱＣは単なるイベントではなく、あくまで試行である。フィードバック・ミーティングは実施前に立てた仮説に照らしあわせて、想定通りであったこととそうでないことを詳細に仕分け、今後の対策と進め方を検討するために実施するものである。

検証項目は目的によって異なるが、基本的に共通すると考えられるのは以下の項目である。

①対象空間の規模、空間のデザイン、仕上げ等は使いやすいか

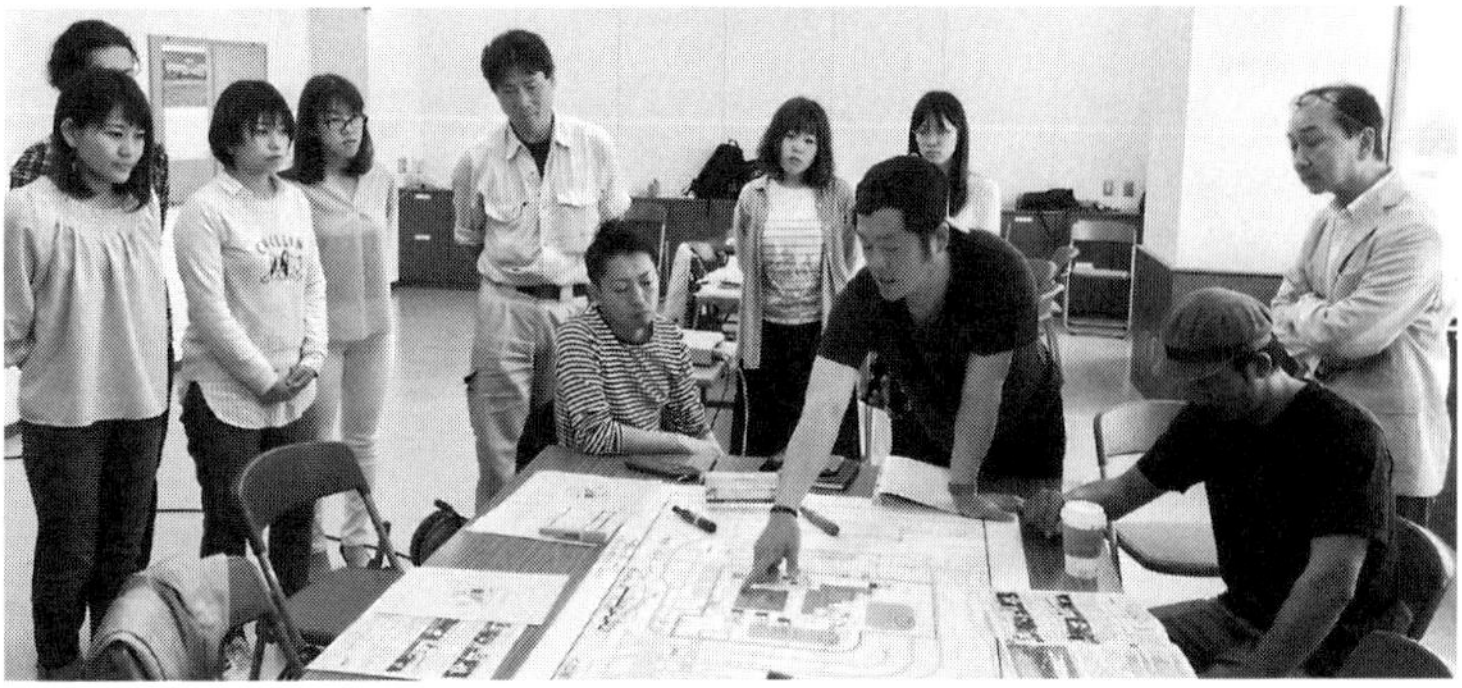

写真2　フィードバック・ミーティングのイメージ

②設備や備品は必要なものが揃っており、適切に使える状態か

③電気や給排水等のインフラ設備、倉庫等は利用できる状態か

④搬出入の動線および関係者の車両置き場は問題なく利用できる状態か

⑤コンテンツの実施によって空間の利用者が多様になったか

⑥コンテンツの内容に関して支障となる制度、制約はなかったか

⑦手続きにかかる作業、期間、費用等は許容範囲内か

⑧コンテンツの運営に必要なスタッフの数や役割に過不足はないか

⑨近隣との関係を良好に保つために配慮すべき事項は何か

⑩将来持続的に実施する際に、協力を得る必要のある人や組織はどこか

通常、公共空間での試行は許認可も含めて手続き的な負担も一定あり、簡単に何度も実施できない場合が多い。そのため、

試行を行う際にはスピード感を持って進めつつも、きちんとした検証のための準備をしておくことを忘れてはならない。

Method 8 プレイス・サーベイ（Place Survey）

検証の結果をいかに測るかというのは非常に重要なことである。「豊かなシーン」として目指すゴールの本質を表す指標が必要であり、それを試行の実施前に検討し、関係者と共有しておく。ここで紹介する「プレイス・サーベイ」は空間の豊かさを測る一つの要素として、アクティビティの多様性に着目した調査方法である（図9）。

プレイス・サーベイは、従来の中心市街地活性化の効果測定で用いられるような歩行者通行量や周辺店舗の売上高といった項目ではなく、人がその場所でどのような過ごし方をしているか、誰と来ているか、多様な活動を促すための空間が整備されているか、といった「利用者の活動」に焦点を当てた観察調査をもとに構成している。これによって、従来の定量的指標のみでは測れない、街にいる人の属性や街なかでの過ごし方、そのために必要な機能が備わっているか、という本質的な部分を捉えることができる。筆者が実務で取り組む複数の地域では、この調査方法で試行の効果測定を行っている。

調査の主なポイントは以下の通りである。

・調査対象：ある空間において、滞留している人の活動を記録する。

・調査日：1年を通して、春夏秋冬の平日休日、最低8日を基本とする。
・調査時間：出勤・退勤のピーク時を含めた8時30分～20時30分を基本とする。
・滞留行動：複数人で行う行動（ダンスや演奏の練習、会話、打ちあわせ、待ちあわせ）等と、個人で行う行動（飲食、仕事、読書、喫煙、睡眠）等に大別することを基本とする。
・属性：年齢層、男女の把握を基本とする。
・人数：個人か複数人か、複数であれば何人のグループかを把握する。
・滞留姿勢：1次的座具（椅子、ベンチ等）への着座、2次的座具（腰壁、花壇の縁等）への着座、立っている、という姿勢を把握する。

Method 9 キャラクター・マップ（Character Map）

ザ・パワー・オブ10の考え方に基づいて選定した対象空間は、同じ地区内であってもそれぞれに異なった特徴を持っている。土地の属性を見ると、公園、広場、道路、公共施設の敷地内、河川、港湾、民間施設の公開空地や広場、個人の所有地等があり、行政の所有地であれば地目ごとに公物管理法が違い、かけられている制約も大きく異なる。そして所有者や管理者が異なれば利用のルールも異なり、将来的に空間を運営していく主体やその主体との連携の形式（契約や協定等）、空間を改修したりコンテンツを導入する際の意思決定の流れや費用の拠出方法等も大きく異なる。まずはそうした属性や種類を調べて、検討する際の必要情報を網羅的に整理することが必要である。

■広場別滞留行動比較

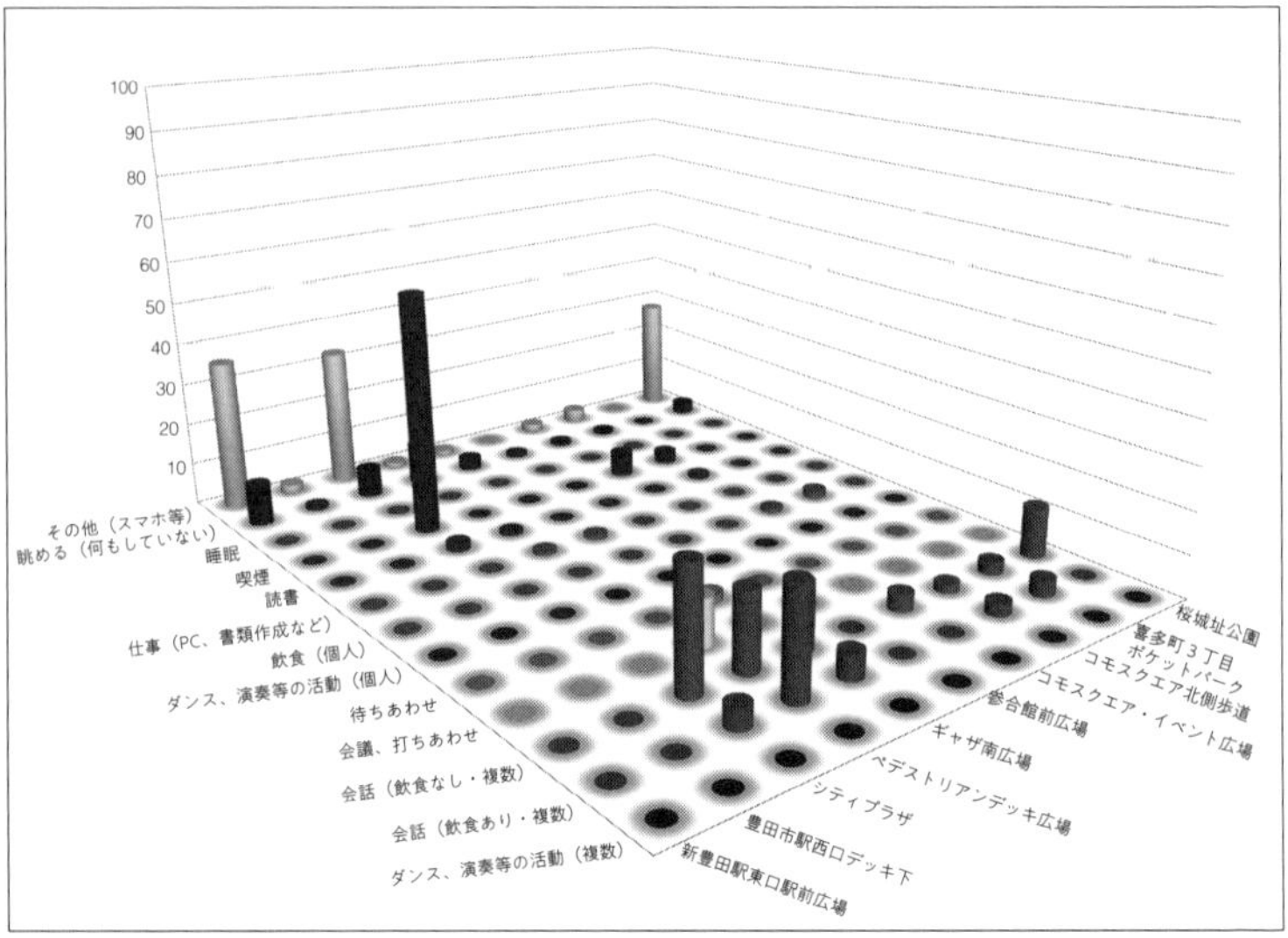

■広場別利用者年齢層比較

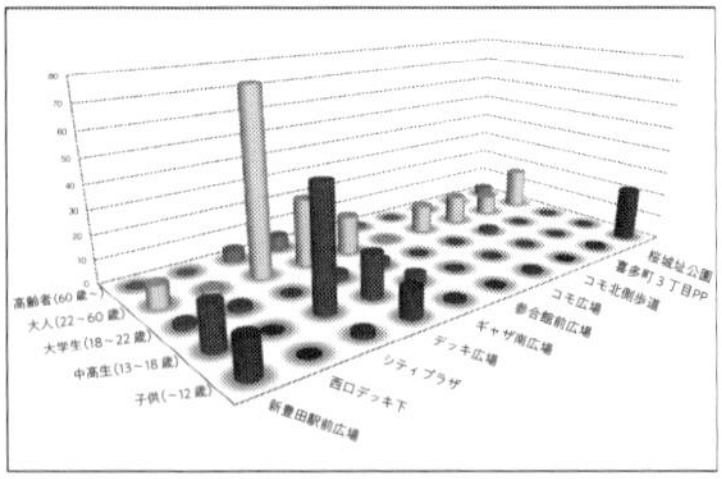

■広場別利用者グループ人数比較

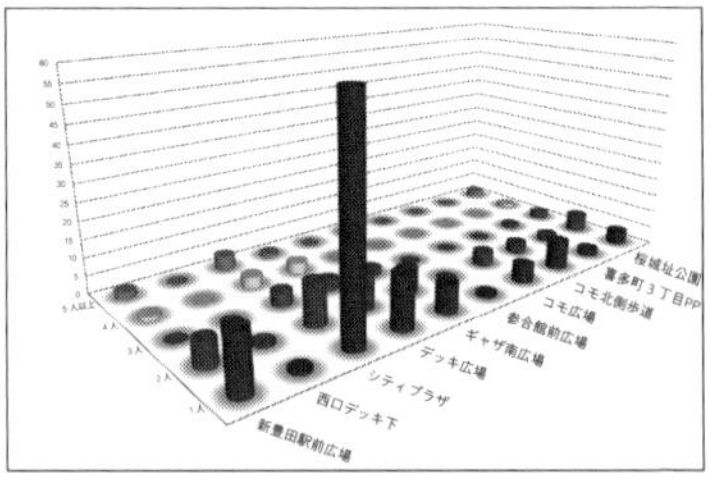

■広場別利用者滞留体勢比較

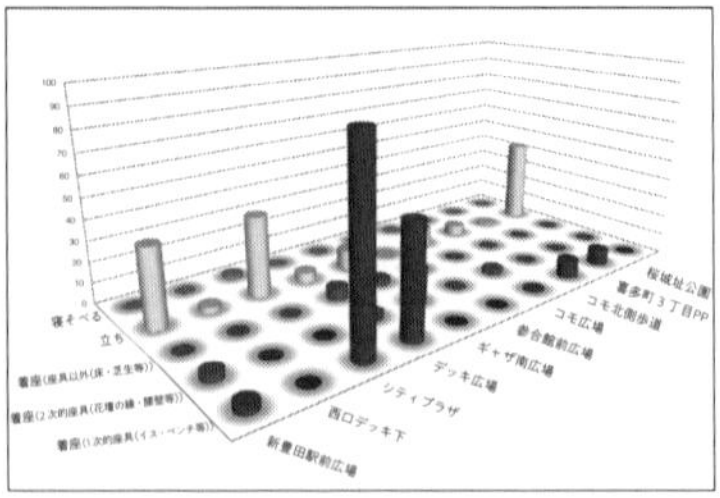

■広場別・時間帯別利用者数比較

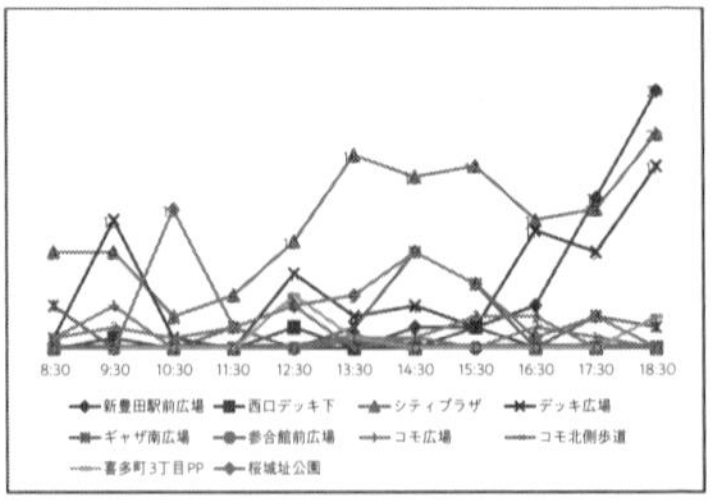

■調査票

項目	内容
調査地	シティプラザ
調査日	2015 年 10 月 30 日（金）
天候	晴れ
気温	20℃
担当	園田

滞留行動		人
ダンス、演奏等の活動（複数）	0	
会話（飲食あり・複数）	5	
会話（飲食なし・複数）	28	
会議、打ち合わせ	0	
待ち合わせ	0	
ダンス、演奏等の活動（個人）	0	
飲食（個人）	0	
仕事（PC、書類作成など）	0	
読書	2	
喫煙	57	
睡眠	0	
眺める（何もしていない）	7	
その他（スマホ）		

区分	項目	数	単位
滞留人数	1 人	64	組
	2 人	12	
	3 人	4	
	4 人	4	
	5 人以上	4	
性別	男	80	人
	女	52	
年齢	子供（～12 歳）	2	人
	中高生（13 歳～18 歳）	49	
	大学生（18 歳～22 歳）	0	
	大人（22 歳～60 歳）	76	
	高齢者（60 歳～）	5	
体勢	着座（1 次的座具（イス・ベンチ等））	93	人
	着座（2 次的座具（花壇の縁・腰壁等））	0	
	着座（座具以外（床・芝生等））	0	
	立ち	39	
	寝そべる	2	
計	滞留人数	132	人

年齢（%）					性別	
子供	中高生	大学生	大人	高齢者	男	女
1.5	37.1	0.0	57.6	3.8	60.6	39.4

体勢（%）				
着座	着座（2 次的座具）	着座（座具以外）	立ち	寝そべる
69.4	0.0	0.0	29.1	1.5

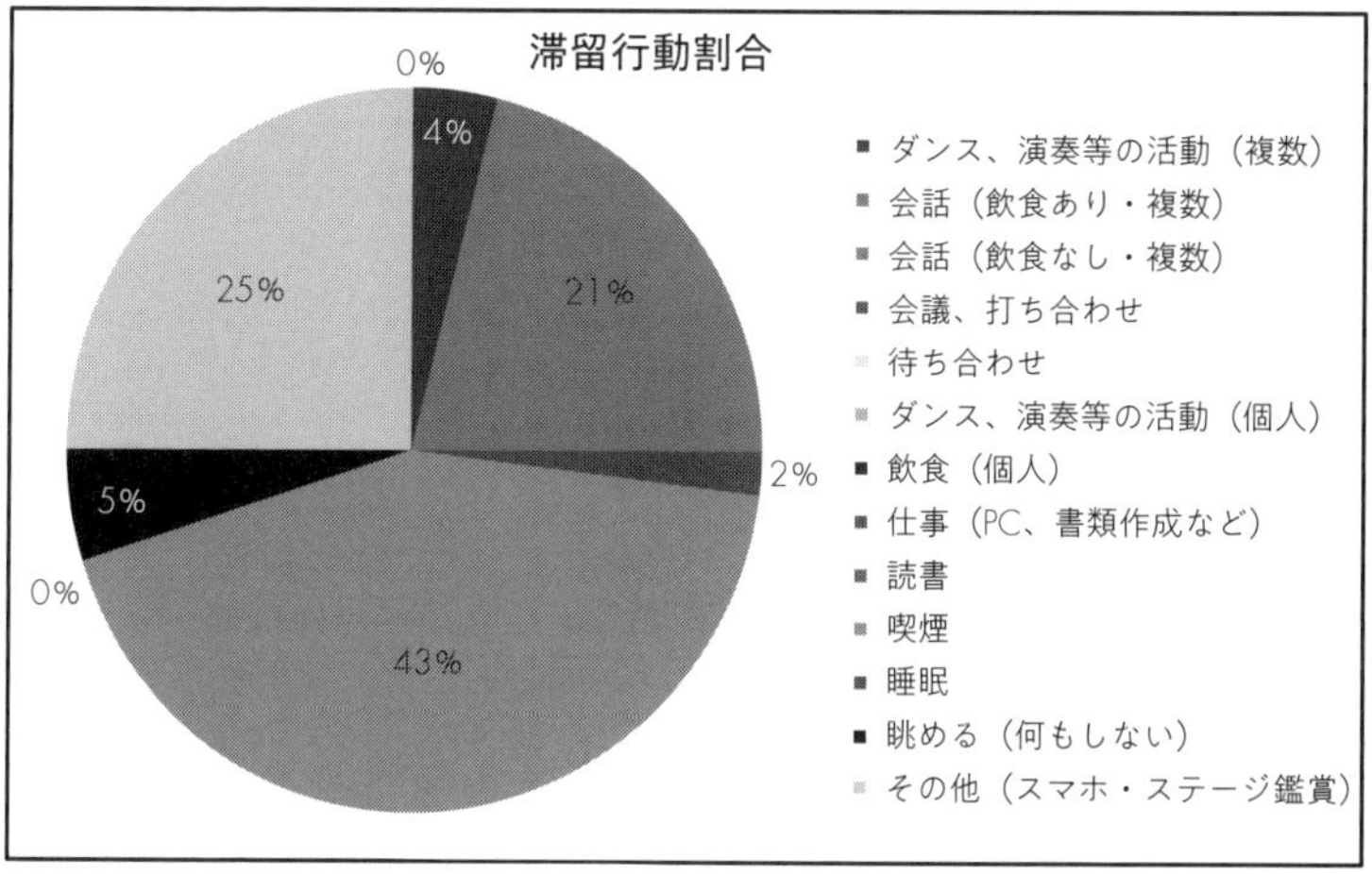

図9　プレイス・サーベイの一例

「統一窓口」による公共空間活用

対象広場：街なかの全9カ所の広場
目　的　：活用の担い手発掘・育成活用ノウハウの蓄積

実施内容

●公共空間の管理者育成
- 活用の統一窓口を設置し、使い手を募集
- 原則自由利用とし、年間を通して募集
- 2カ月ごとにテーマを設定し、使われ方を調査

Type1

「収益事業型」の公共空間活用

対象広場：ペデストリアンデッキ広場
目　的　：半年間の飲食販売&活用コーディネート実施者の発掘と事業性の検証

実施内容

●公共空間での事業化可能性の模索と空間の質の向上
- 半年間の飲食販売事業者の公募と事業実施
- コンテナ店舗を使用した飲食店営業および広場活用、管理、イベント開催のコーディネート
- 事業実施者による空間の演出と維持管理の実施

Type2

「管理者支援型」の公共空間活用

対象広場：公共空間管理者が自ら投資して、積極的な活用を図ろうとする広場
目　的　：公共空間管理者の自発的な投資による活用を支援し、自立運営を促進

実施内容

●投資意欲のある公共空間管理者が独自に実施する施策に対する推進支援
- 可動式のストリートファニチャーの設置や仮設的空間整備による空間活用の提案

Type3

「担い手発掘・育成型」の公共空間活用

対象広場：新豊田駅前東口駅前広場
目　的　：投資が行われにくい公共空間での公益性の高い活用と使い手を中心とした運営体制の構築

実施内容

●ワーキングチームによる公共空間のリノベーション
- 公共空間の現状分析とポテンシャル発掘
- 具体的活用イメージを持つ人材による活用案の検討
- 日常的な公共空間運営の体制駅前の検討
- 年間を通した活用スケジュールの検討

Type4

図10　キャラクター・マップの一例（出典：豊田市都心地区空間デザイン基本計画）

その次の段階では、立地特性やゴール設定、試行を行った際の検証結果等を参考にして空間の改修方針、導入するコンテンツ、運営・管理の方法等を検討する。

行政の空間であれば、特例制度等も活用しながら営利行為を伴うサービス提供を認め、それを原資に事業者がその空間を運営・管理する「収益事業型」、収益性はなくても地縁コミュニティやテーマコミュニティによる活用と運営管理が期待できる「担い手発掘・育成型」等、いくつかの方針が検討できるだろう。

民間の空間であれば、基本的にはその空間の使い方を決めるのは所有者であるため、商業施設であれば販売促進や来場者の快適性向上、オフィスビルであれば就業者の満足度の向上や商業テナントの売上向上等、所有者が求めている成果を確認した上で、空間を改修・活用することでその成果にどう貢献できるかを明確にする必要がある。

このような、いくつかの要素を丁寧に整理しながら空間の特性や与条件を整理し、今後の検討に必要な情報が一目でわかるような状態にしておくことが、「キャラクター・マップ」の目的である（図10）。

Method 10　プレイスメイキング・プラン（Placemaking Plan）

試行と検証を経て空間・運営のデザインを行ったら、最後にプレイスメイキングの一連の取り組みの意義や価値、経緯や内容を「プレイスメイキング・プラン」としてまとめる。

プレイスメイキング・プランの冒頭では、その地区でプレイスメイキングを実施する必要性と、プレイスメイキングの活動を通して目指す「豊かなシーン」とその受け皿となる公共空間のイメージを示す。次に、プレイスメイキングの手法であるザ・パワー・オブ10やＬＱＣ等を解説した上で、それらの手法で調査・試行した内容を整理する。そして今後本格的な空間の改修・運営を行う候補地を一〜三つほど挙げる。各候補地について、取り組みの目標とその空間や地区の歴史、課題、長期的な目標、ＬＱＣの目的と成果を記載し、具体的なアクションに必要な情報を整理しておく。そして最後に、各候補地の実施内容のスケジュールを一覧で記載することで、今後のプロセスを整理することができる。

このプレイスメイキング・プランの特徴の一つは、一定の地区や通りを俯瞰的に捉えて街の資源となる空間を選定するという都市スケールの内容から、具体的な対象地における椅子やテーブル等の配置、季節ごとのイベントプログラムの設定といった家具スケールの内容までを包括的にまとめる点である。一般的な都市計画では、スケールを横断させるとプランに関連する事項が膨大に出てきて複雑化し混乱してしまうが、プレイスメイキング・プランでは基本的に公共空間を切り口にしているため、スケールを横断してもプランの主題が明確で理解しやすい構成にすることができる。

また、可能な限り詳細で具体的な取り組みを記載することで、自分が協力することができる、もしくは参加してみたいと思う活動を具体的にイメージすることができる。こうした計画上の工夫も従来の行政計画とは大きく異なる。

3 プレイスメイキングの体系

ここまでに紹介したプレイスメイキングの10のフェーズと10のメソッドに、各フェーズで連携、協力する可能性のある主体を含めて都市デザインの手法として体系的に整理したのが、図11である。

日本の都市デザインやまちづくりにおいて、必ずしもプレイスメイキングという言葉を使っていないだけで同様の戦略的なプロセス・デザインを実践している事例は多い。そうした取り組みはそれぞれの地域の実情を捉え、地元の空間的・人的・経済的資源を活用して街の暮らしを豊かにしてきた。ただ、都市デザインの手法論として体系的に整理されてこなかったために、その地域独自の事情によって成功した特殊解という解釈をされてきたものも多い。

しかし、本章で解説したプレイスメイキングの10のフェーズと10のメソッドに沿ってそれらの取り組みを整理し直すことで、そのプロセスや合意形成の方法、空間の活かし方等に一定の共通項を見いだすことができるのではないだろうか。プレイスメイキングは決して外来の画期的な手法ではない。現代の日本においてプレイスメイキングを理解し、語ることの一つの意義は、こうした国内の隠れたノウハウの蓄積を改めて見つめ直し、その手法や成功の要因を解き直すことにある。

図11に示したプレイスメイキングの体系図は、これからプレイスメイキングに取り組む際の道し

Phase 5：段階的に試行する
Phase 6：試行の結果を検証する
Phase 7：空間と運営をデザインする
Phase 8：常態化のためのしくみをつくる
Phase 9：長期的なビジョン・計画に位置づける
Phase 10：取り組みを検証し、改善する

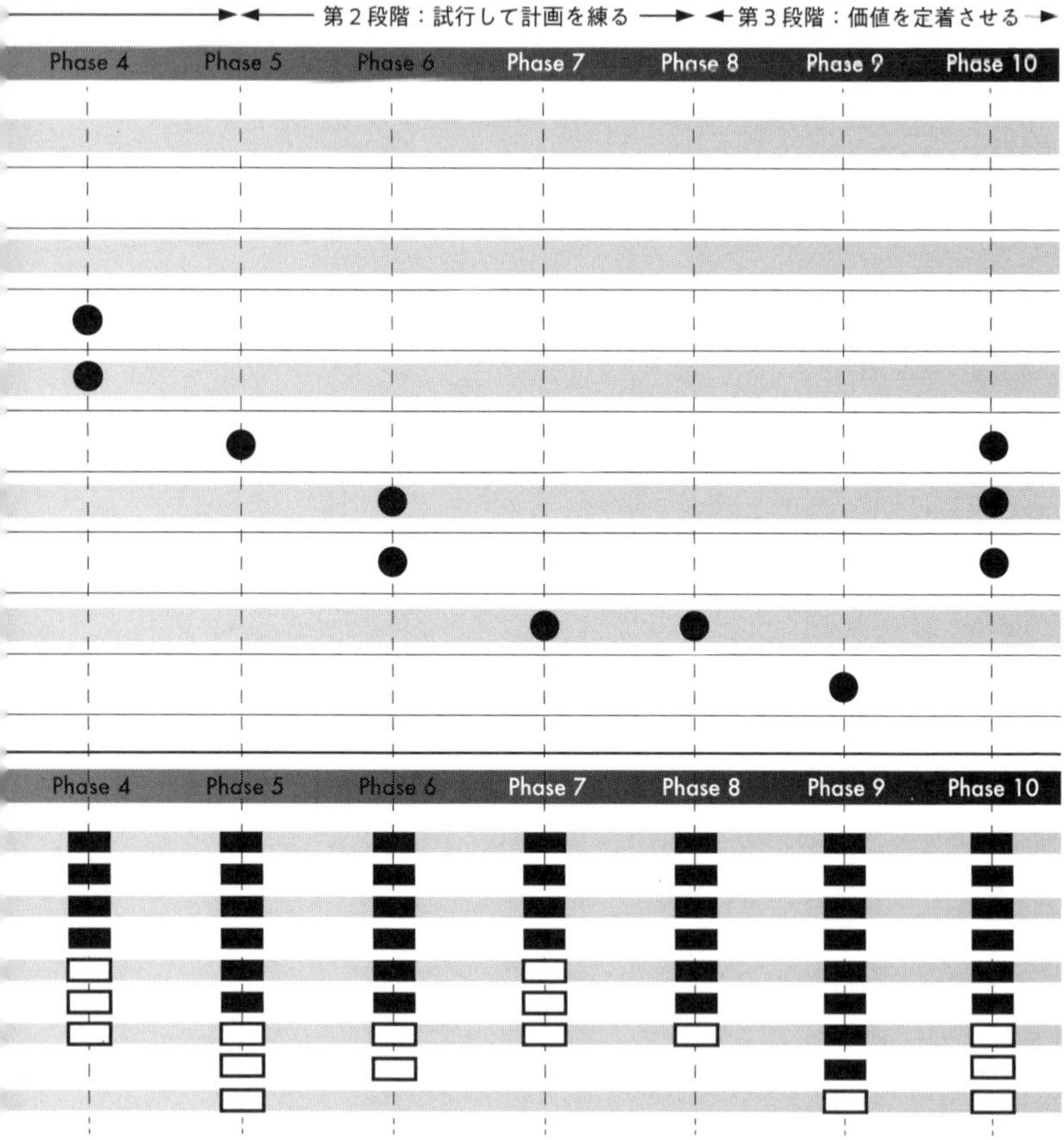

□：プロジェクトの状況や目的に応じて、参加するのが望ましい関係者

○ プレイスメイキングの 10Phase

プレイスメイキングの取り組みを戦略的に展開するためのプロセス・デザイン・ガイドライン

Phase 1：「なぜやるか」を共有する
Phase 2：地区の潜在力を発掘する
Phase 3：成功への仮説を立てる
Phase 4：プロジェクト・チームをつくる

← 第1段階：取り組みの準備 —

【プレイスメイキングの 10Method】	Phase 1	Phase 2	Phase 3
Method 1　チェック・シート		●	
Method 2　ザ・パワー・オブ 10		●	
Method 3　ストーリー・シート			●
Method 4　ステークホルダー・マップ			
Method 5　サウンディング			
Method 6　簡単に、素早く、安く			
Method 7　フィードバック・ミーティング			
Method 8　プレイス・サーベイ			
Method 9　キャラクター・マップ			
Method10　プレイスメイキング・プラン			

【計画プロセスに参加する関係者】	Phase 1	Phase 2	Phase 3
A：取り組み主体（住民・行政・企業 等）	■	■	■
B：専門家（建築家・都市コンサル 等）	□	■	■
C：地権者（個人・法人・不動産会社 等）			□
D：協力事業者（商店経営者・地元デザイナー 等）			□
E：地元団体（自治会・地域協議会 等）			
F：行政（市役所 等）			
G：近隣住民（暮らしの基盤がある人々）			
H：近隣就業者（主に平日に訪れる人々）			
I：来街者（主に週末に訪れる人々）			

※凡例　●：そのフェーズで用いられているメソッド　■：参加するのが望ましい関係者

図11　プレイスメイキングの体系図

るべになるだけでなく、これまで日本で蓄積されてきた成功事例を当てはめてみることで、なぜその取り組みが効果を上げることができたのかを明らかにする分析ツールとしても機能するのである。

3章

街を変えるパブリック・プレイス—国内外の先進事例

プレイスメイキングの方法論は、アメリカのPPSを中心にすでに多くの国や地域で実践されている。日本においても、明確に「プレイスメイキング」として行われていなくても、その理念やプロセス・デザインが共通している事例は存在している。3章では、そうした先駆的な事例にプレイスメイキングの手法がどのように活用されているかを解説する。

DATA

所在地	アメリカ・ミシガン州デトロイト市
市　域	約370km²
人　口	約67万人
タイプ	地方都市の中心市街地
主　導	(市)、地元企業、PPS
実施年	2012年～

2017年

CASE 1 オポチュニティ・デトロイト

財政破綻からのコミュニティ再生

ゼネラルモーターズ社をはじめとする自動車産業で発展しながら、2013年に行政が財政破綻したアメリカ・デトロイト市。街の中心部は人々から見捨てられ、犯罪発生率も全米ナンバー1となる危機的状況のなか、プレイスメイキングの取り組みによって都市再生の成果が見え始めている。

2017年

1 背景：ダウンタウンの復活に向けて

アメリカ中西部に位置するミシガン州デトロイト市は、1903年にヘンリー・フォード率いるフォード・モーター社が量産型の自動車工場を建設し「T型フォード」が世界的に売れたことをきっかけに、全米ナンバー1の自動車工業都市として発展した。その後、ゼネラルモーターズとクライスラーも併せたビッグ3が立地するようになり、街は「MOTOR CITY」と呼ばれた。1950年代の人口は180万人以上にもなり、その半数以上が自動車産業に携わっていた。

しかし、1970年頃に起こった黒人による大規模な暴動や日本車の台頭による自動車産業の低迷などから、次第に人口が流出し、特に白人が郊外に移住したことから街の中心部の治安は悪化した。市はなんとか再起を図ろうと、超高層複合ビルのルネサンス・センターの建設やモノレールの導入などを行ったが状況は改善せず、2009年にはゼネラルモーターズとクライスラーが破綻する。その煽りを受ける形で2013年には180億ドル（約1兆8000億円）の負債を抱えてデトロイト市が財政破綻した。

財政破綻後のデトロイト市は、人口が約67万人（2017年）、空き家率は約29％、犯罪発生率は全米ワースト1位という街に変わり果てた。ダウンタウンに近い住宅地や、街の中心部にある高層ビルの廃墟が多数放置され、観光客は日没までには宿に戻るよう言われるような状況だった。

しかし、筆者が現地を訪れた2017年夏には、街の中心部には新しく敷かれたLRTが走り、スポット的ではあるが綺麗に改修された公共空間で楽しそうに過ごす人々の姿があった。2009年には史上最悪の約28%を記録した失業率も、2017年には7%台まで回復するなど、プレイスメイキングも含めたさまざまなアプローチによって、デトロイトの街は少しずつ破綻から再生しつつある。ここでは、その過程においてプレイスメイキングの取り組みがどのように行われ、街の再生に寄与してきたかを解説する。

2 プレイスメイキングのプロセス

Phase 1 「なぜやるか」を共有する

デトロイトにおいてなぜプレイスメイキングを実施するか。それは、財政とともに破綻した安全で快適な都市生活を取り戻すためである。一度に街のすべてを改善することはもちろん困難であるが、「ザ・パワー・オブ10」で選定する潜在力の高い空間、その中でもパイロットプロジェクトに位置づけた三つの空間とその周辺から少しずつ街の状況を変えていくことが、「オポチュニティ・デトロイト」の最初のゴールになる。

なお、デトロイトにおけるプレイスメイキングの取り組みは財政破綻直前の２０１２年にデトロイト市がＰＰＳに委託する形でスタートしたが、先述の通り、翌年に市は財政破綻する。そこで地元企業のクイックン・ローン社が手を挙げ、２０１３年からはＰＰＳへの発注元が市からクイックン・ローン社に代わり、プレイスメイキングの取り組みは継続されることとなった。

１９８５年に創業したクイックン・ローン社は２０１８年時点でアメリカ最大の住宅ローン会社であり、２０１０年にデトロイトのダウンタウンに本社を移している。その本社の目の前にあるキャンパス・マルティウス・パークとキャデラック・スクエアを中心にプレイスメイキングの取り組みが継続されたことで、現在、その効果が少しずつ現れてきている。

Phase 2　地区の潜在力を発掘する

デトロイト市のダウンタウンは、路上駐車の多さや歩行者空間の未整備等に起因する街路空間の賑わいの欠如、中心部と港湾部との連携の欠如、新規出店する商業店舗やオフィス需要の減少等が課題として挙げられていた。そのような状況に対し、ＰＰＳは市の中心部と南の港湾部をつなぐウッドワード・アベニューを軸に、沿道の地区を大きく六つに分類し、それに接する10カ所をザ・パワー・オブ10として選定した（図１）。さらにそのうちグランド・サーカス・パーク、キャンパス・マルティウス・パーク／キャデラック・スクエア、キャピトル・パークの３カ所をパイロットプロジェクトと位置づけて先行的にプレイスメイキングを実施することで人々の活動を誘発し、地

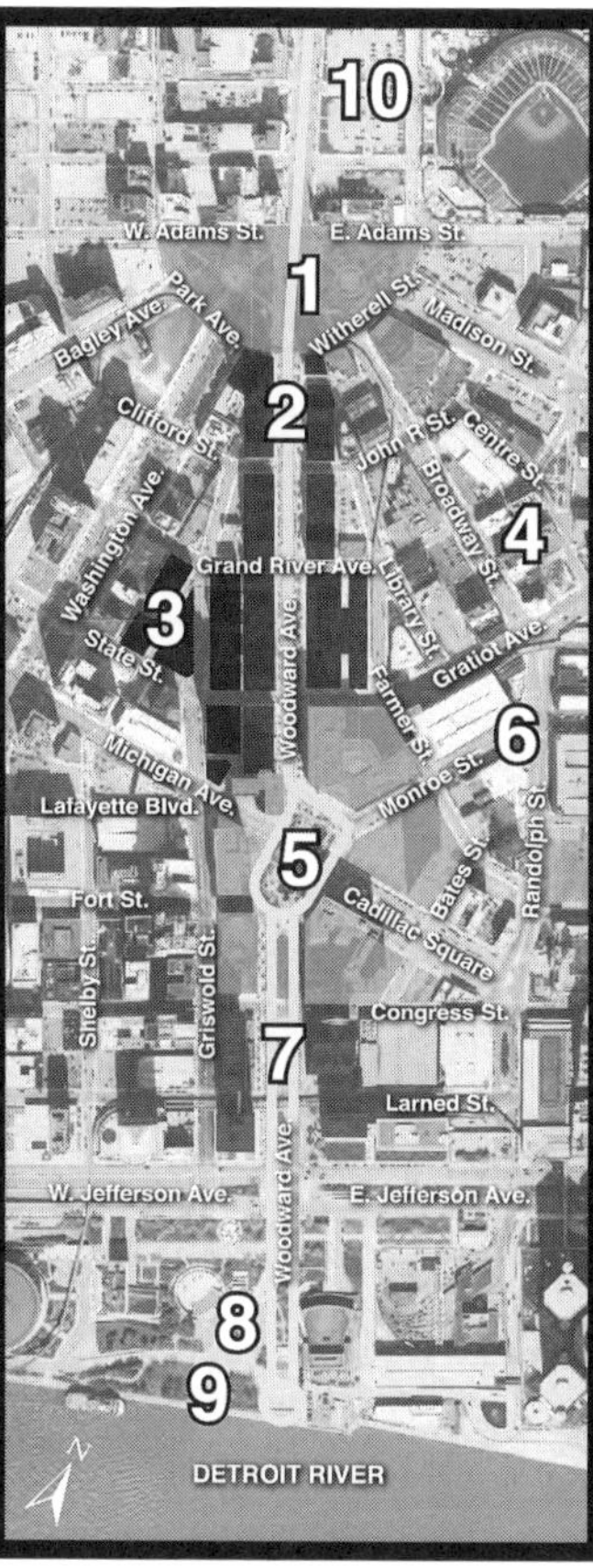

デトロイト・ダウンタウンの

ザ・パワー・オブ 10

1	グランド・サーカス・パーク 1500 ウッドワード街区
2	ウッドワード・アベニュー
3	キャピトル・パーク
4	パラダイス・バレー
5	キャンパス・マルティウス・パーク キャデラック・スクエア
6	モンロー・エンターテインメント グリーク・タウン
7	ウッドワード・アベニュー・ エスプラナード
8	ハート・プラザ
9	リバー・ウォーク
10	エンターテインメント街区

図1　デトロイトのダウンタウンにおけるザ・パワー・オブ10

（出典：「プレイスメイキング・ビジョン・フォー・ダウンタウン・デトロイト」を元に作成）

域を再生するというのが最終的なプレイスメイキング・プランに記載された大きなビジョンである。

Phase 3 成功への仮説を立てる

パイロットプロジェクトの中でも、クイックン・ローン社が面するキャンパス・マルティウス・パーク（図1の5）は多くのオフィスビルに囲まれデトロイトの中心的な広場として認知されてきたものの、当時は平日夕方の帰宅ラッシュの時間帯しか広場を利用する人がおらず閑散としていた。また、周辺のビルの低層部も商業的利用が少なく活気がないため、余計に寂れた印象を与えていた。一方のキャデラック・スクエア（図1の5）もかつてはさまざまな業界の展示会場として賑わってきたが、現在は活気を失っているため、なんらかの対策を必要としていた。

この二つの公共空間は立地的にも街のハブとなる場所にあり、近隣地区はエンターテインメントの集積エリアとして再開発される予定もあるため、今後賑わいを取り戻せる可能性を秘めている。そこで、プレイスメイキングによって居心地のよい環境に改善し、若い起業家のためのシェアスペースの創出や周辺商業施設との連携を高めることで、平日、週末を問わず人々が集い、中心市街地活性化の起点となることがこのプロジェクトのビジョンとして掲げられた。

Phase 4 プロジェクト・チームをつくる

ＰＰＳはザ・パワー・オブ10の選定をした上で、その空間に関連して利害が発生する、もしくは将来的に活動の担い手となる企業や組織を対象にヒアリングを行い、活動の趣旨に同意し明確な役割を持てる組織によってプロジェクト・チームを編成した。チームの構成員は最終的に取りまとめられたプレイスメイキング・プランの冒頭に記載されている。

〈オポチュニティ・デトロイトのプロジェクト・チーム〉

・ロック・ベンチャー有限責任会社（クイックン・ローン社の親会社）
・イリッチ・ホールディングス（地元の飲食事業会社で、メジャー・リーグ・ベースボールのデトロイト・タイガースやナショナル・ホッケー・リーグのデトロイト・レッドウィングスといったスポーツチームを所有し、それぞれの野球場とホッケー場、市内の劇場やカジノも所有している）
・M-1レール（ウッドワード・アベニュー等を通るLRTの運営会社）
・デトロイト・エコノミック・グロース・コーポレーション（デトロイトにおけるビジネスの支援を行う非営利組織）
・ダウンタウン・デトロイト・パートナーシップ（ダウンタウンの活性化に関する活動をサポートする協議会組織）
・デトロイト・エンターテインメント・ディストリクト・アソシエーション（ダウンタウンの繁華街地区の事業者が加盟する協会）
・デトロイト市

さらに、ＰＰＳは２０１２年11月と12月にデトロイトのコミュニティにさまざまな方法で意見を聞いている。この時に用いられたサウンディングの方法が、①ステークホルダー・インタビュー、②フォーカス・グループ、③プレイスメイキング・ワークショップ、④ホリデイ・プレイスメイキング・ハット、⑤ハッピーアワー・ワークショップの五つである。

日本の市民参加ワークショップ等では、通常一つのプロジェクトについて計画の策定段階（基本構想、基本計画、運営計画等）ごとに参加者を募ることはあっても、一つの段階で複数の参加手段を用いることは稀である。しかし、プレイスメイキングでは、目的や参加者の規模、議論の深度によって複数の異なる方法を戦略的に用いる。デトロイトでＰＰＳが実施した各手法の概要は以下のようなものであった。

①ステークホルダー・インタビュー

ダウンタウンの主な利害関係者（街なかの事業者や対象地区に立地する企業等）と地区に関わる組織（地元コミュニティ等）の代表者にインタビューを行い、ザ・パワー・オブ10で選定した公共空間や地区を中心に、現状や利用状況に関する課題、今後の活用に向けたニーズを収集している。

②フォーカス・グループ

ダウンタウンの潜在的な利用者を顕在化させ、公共空間を活性化する役割を担うことのできる既存の組織（住民組織、移動式飲食店経営者、地区の事業者による協議会組織）と共に、三つのテーマに絞った会合を開催している。三つのテーマとは、住民組織が中心市街地でどのような変化を望み、どのように活動に参加するか（住民組織）、公共空間に飲食を供給する役割を果たすフードトラックとフードベンダーについてどのような機会と課題があるか（移動式飲食店経営者）、文化施設やスポーツチーム、近くの映画館も含めて、街なかの繁華街にある対象敷地においてどのようなプログラムを展開できるか（地区の事業者による協議会組織）、である。

③プレイスメイキング・ワークショップ

中心市街地にある三つの主要な公共空間を評価し、それらを安全で活気ある場所に変える手法としてＬＱＣが有効であることを示すために3回に分けて開催している。参加者は複数のグループに分かれて現地で評価を行い、その後各対象地にどのような魅力があるかというテーマでブレインストーミングを行った。この3回のワークショップには合計で27の地区から90名が参加した。

④ホリデイ・プレイスメイキング・ハット

休日の既存イベントの期間中、市内のマーケットにディスプレイを設置して、市民に対し公共空間が不足している現状に対し共に考えることを呼びかけた。参加者に四つのシールを渡し、自分の好きな活動やアメニティに投票してもらう形式でイベントを実施し、デトロイト中の１６６の地区から８００名を超える人が参加した。

⑤ハッピーアワー・ワークショップ

ダウンタウンの就業者と住民をコミュニティセンターで開催したワークショップに招待し、カジュアルな雰囲気で、ダウンタウンにある主要な三つの公共空間の活用アイデアに関して議論した。

写真1　目的に合わせた多様なサウンディングの様子。左上：対象エリアに関する説明、右上：フォーカス・グループでの検討、下：ハッピーアワー・ワークショップでの意見聴取
（出典：「プレイスメイキング・ビジョン・フォー・ダウンタウン・デトロイト」）

このワークショップには40名以上が参加し、好きな活動に投票したり、多様な活用のアイデアが出された。

このように、プレイスメイキングのプロセスでは、利害関係者である行政や地権者、地元事業者へのインタビューに始まり、住民や就業者、地域コミュニティの活動団体等、多様な関係者が直接参加できる機会を設けている。その参加形態も多様であり、ホリデイ・プレイスメイキング・ハットのようなカジュアルで不特定多数の人に活動への関わりを感じてもらうイベント形式のものから、フォーカス・グループのように少人数で特定の属性に絞って計画内容について議論を深めるものまで、明確な狙いとターゲットを設定した参加手法の多様性も大きな特徴である（写真1）。

Phase 5　段階的に試行する

ザ・パワー・オブ10の選定とサウンディングを経て立てられた仮説を検証するための活動は、2章で紹介した、ＰＰＳが掲げている公共空間の評価指標であり「チェック・シート」の基となった「スペース・ダイアグラム」（ここでは「社会性」を除く3項目）に沿って具体的な課題とそれに対する改善提案が示されている（表1）。

「アクセスとつながり」に関しては、広場に接するウッドワード・アベニュー等の広幅員道路が近隣街区からの利用者を遠ざけてしまっていることや歩行者空間の幅員が狭いこと、また近隣の飲食店に活気がないこと等を課題として指摘している。それらに対し、可能な道路については車道の車線数を減らして歩行者空間へ再配分すること、また広場の入口や交差点付近では植栽の配置間隔を広げて人が入りやすくすることを提案している。近隣店舗の賑わいに関しても、マーケット等のイベント時には道路を封鎖してその賑わいを周辺地域に波及しやすくすることを提案している。

次に「快適性とイメージ」については、キャデラック・スクエアにアメニティや特徴が不足していること、キャンパス・マルティウス・パークのビストロの横のエリアが未活用のままであること、地元のアーティストやパフォーマーと住民を結びつける機会が不足していることが課題となっている。改善提案としては、かつて中心市街地に置かれ地区の象徴となっていた彫刻をキャデラック・スクエアに戻すこと、可動式の椅子やプランター、ベンチ等のアメニティを増やすこと、公園

	課題	提案
アクセスとつながり	ウッドワード・アベニューはキャンパス・マルティウス・パークとその周辺との壁になってしまっている。信号はわかりづらく、いくつかの交差点では横断歩道もない。 キャデラック・スクエアは片側2車線の道路とそこでの路上駐車によって周辺の建物から切り離されている。広場の東側半分もまた、それを二分する通りによって分断されている。	キャンパス・マルティウス・パーク周辺の道路を減らし、公園周辺の歩道を拡張する。街路は、車がスピードを落とし歩行者がどこでも安全に渡れる「共有された」空間であるべきである。そうすれば、歩道にはモノを売ったり何かの活動をするための余裕が生まれる。また、公園の入口を広げるために、交差点では植栽の間隔を広げる。
	ウッドワード・アベニューがレストランや商店とともに活気を取り戻さなければ、歩いて気持ちのよい場所ではない。	歩行者にやさしいマーケット広場を創出するために、キャデラック・スクエアの両側の道路を封鎖する。
	ウッドワード・アベニューの歩行者の少ないエリアで、ここ1～2年のうちにLRTが建設される。(あまり利用者が見込めない)	
	キャンパス・マルティウス・パークとキャデラック・スクエア周辺の歩道は、モノを売ったりアウトドアで食事をしたりするには幅員が狭い。	
		イベントに関する情報掲示板や道案内のサインを増設する。
	中心市街地には自転車専用レーンや駐車場が整備されていない。	
快適性とイメージ	キャデラック・スクエアはキャンパス・マルティウス・パークと比較すると、その快適性や印象を高めるアメニティや特徴を欠いている。	かつてデトロイトの中心市街地にあり、地区の象徴になっていた彫刻をキャデラック・スクエアの西側に移す。
	キャンパス・マルティウス・パークのビストロの横のエリアは未活用のままであり、ビストロの裏側は何の特徴もない壁面を周囲の通りに向けている。	キャンパス・マルティウス・パークに飲食物のキオスクと座る場所を備えたサブ空間を付け加えるべきである。キャデラック・スクエアに可動式の椅子やプランター、その他のアメニティを追加する。そしてもともとキャデラック・スクエアに置かれていた市政200年を祝う“200周年記念チェア”を復元することも検討する。
	地元のアーティストやパフォーマーを結びつける機会がもっと必要である。	公園の利用者がより長く空間内にとどまれるようWi-Fiを導入する。
	公衆トイレが一つもない。	
使い方と利用	キャンパス・マルティウス・パークとキャデラック・スクエアでの活動（現在はどの時間帯でもほとんどない）をつなげて活気を取り戻す必要がある。	毎日、昼も夕方も活発に利用されるように、キャンパス・マルティウス・パークでのプログラムを追加する。
		家族連れや子ども向けのプログラムを追加する。
	特別なイベントの期間を除いて、近所のビストロが食事のできる唯一の場所である。	より多くのスポンサーやイベント主催者を探す必要がある。また、南側の芝生エリアにビアガーデンとアーバンビーチを追加し、そこに日陰をつくるパラソルと、夕方の照明のためにライトスタンドを設置する。 キャデラック・スクエアを、常設／半常設のマーケットや食べ物のキオスク、花屋や屋外のバーなどがあるマーケット広場へと変える。
	広場周辺の建物は1階の活気を失っている。 もしくは賑わいが表に出ていない。	二つの想定が可能だが、キャデラック・スクエアに計画的にカフェや活気が広場の外まであふれ出すような露店を並べる。

表1　キャンパス・マルティウス・パーク／キャデラック・スクエアの課題と改善提案

（出典：「プレイスメイキング・ビジョン・フォー・ダウンタウン・デトロイト」）

利用者がより長く滞留し、アーティストと地元の人々が関わるきっかけを生みだすためにWi-Fiを導入すること等が挙げられている。

最後に「使い方と利用」に関しては、子どもや家族連れ、夕方や週末に訪れる若者向けのプログラムを増やすこと、飲食店が少ない状況を改善するためにワイン・ビールフェスティバルなどのイベント主催者を探すと同時に、南側の芝生エリアにビアガーデンとアーバンビーチを追加し日陰をつくるパラソルや雰囲気のある夜間照明を設置して居心地のよい空間を演出すること、キャデラック・スクエアをマーケットやキオスク、花屋や屋外のバーなどがあるマーケット広場へと変えることが提案されている。

この他にも、周辺の道路空間の再配分から、季節ごとのイベントの内容と頻度まで、スケールやソフト／ハードの領域を横断した計画が盛り込まれている。このようにスケールやハード／ソフトの境なく、対象とする公共空間に必要な活動を一つ一つ詳細に検討して提案しているために、専門家のみならず一般の協力者も具体的にイメージしやすいプランになっている。また、植栽の配置や椅子の追加といったすぐに実施できる内容と、道路空間の再配分や飲食店の誘致といった専門的なアプローチを必要とする内容を並列に記載することができるのは、プレイスメイキング・プランを策定した後の取り組みの優先順位や短期的／長期的活動のプロセスが10のフェーズに細分化されたプロセス・デザインによってイメージできているためである。

このようなプロセスを経て企画された試行を、ＬＱＣの考え方の下に実施したのが２０１３年で

写真2　キャンパス・マルティウス・パーク／キャデラック・スクエアで実施されたLQCの試行。左：試行によってキャデラック・スクエアには賑わいが戻った、右上：芝生の一部を砂のビーチに変えた、右中：ポップアップストアを設置し飲食の提供を実施、右下：テーブルセットに加え日陰をつくるパラソルも設置された（出典：「プレイスメイキング・ビジョン・フォー・ダウンタウン・デトロイト」）

ある。ＬＱＣの試行は、低リスク・低コストで早期に実施するので、道路や芝生、植栽等のハードの要素には手をつけず、座具やパラソルといったストリート・ファニチャーの設置やキオスクや移動販売車の誘致といったソフト的な取り組みを優先している。まずは大きく手を入れずに、ただし人のアクティビティを誘発し仮説を検証できるコンテンツに絞って実施することで、時間と費用をかけずに写真2のような変化をこの二つの公共空間にもたらすことに成功している。

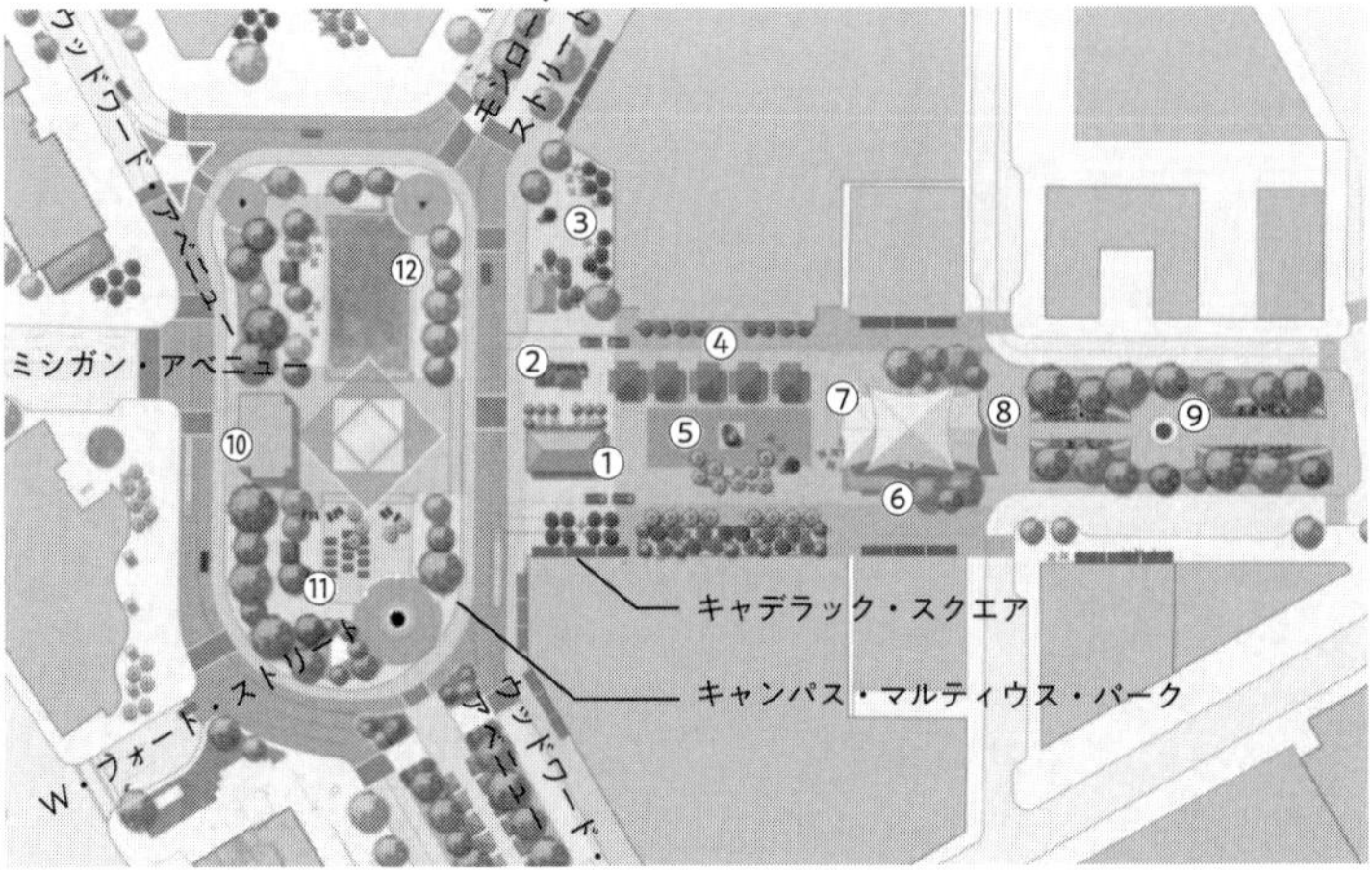

①ラウンジ ②花のキオスク ③飲食できる広場 ④マーケット屋台
⑤マーケット広場 ⑥飲食物のキオスク ⑦マーケットホール ⑧マーケットガーデン
⑨彫刻のガーデン ⑩ビストロ ⑪アーバンビーチ ⑫芝生（イベント利用可）

図2 キャンパス・マルティウス・パーク／キャデラック・スクエアの整備計画
（出典：「プレイスメイキング・ビジョン・フォー・ダウンタウン・デトロイト」を元に作成）

Phase 6 試行の結果を検証する／Phase 7 空間と運営をデザインする

ＬＱＣで施行した内容を踏まえて、仮説が有効であったものはそれに基づいた形で、そうでないものは改善の検討をした上で常態化に向けた空間と運営をデザインする。キャンパス・マルティウス・パーク／キャデラック・スクエアの場合は、空間の改変とコンテンツの導入の両面から12の項目が挙げられている。芝生エリアの改善やアーバンビーチの常設化に加え、花屋やキオスク、マーケットホールを設けた上でのマーケット屋台等が提案されている。これらの改善提案を対象地のどの場所で展開するかは広場の図面上に落とし込まれ（図２）、これらの活動が実を結び仮説が実現された

写真3　キャンパス・マルティウス・パーク／キャデラック・スクエアの整備前（上)、整備後のイメージ（下）
（出典：「プレイスメイキング・ビジョン・フォー・ダウンタウン・デトロイト」）

将来像もイメージパースで作成し（写真3）、デザインの内容がビジュアルにまとめられている。

将来的な空間のイメージをわかりやすく質の高いビジュアルで見せることは、関わる人々が常に目指すべきゴールと現在の活動の位置づけを共有できるという点で、非常に効果的な手法である。

Phase 8 常態化のためのしくみをつくる／Phase 9 長期的なビジョン・計画に位置づける

このようなプロセスを経て検証されたプレイスメイキングの具体的な計画案は、ＰＰＳとワーキング・グループとの協働によってビジュアルにまとめられる（図３）。デトロイト市の場合は、大きく四つのセクションに分けて計画をまとめている（図４）。

冒頭では、プレイスメイキングの理念とデトロイト市でそれを実施する必要性の説明（①プレイスメイキングの理念）。次に、プレイスメイキングの手法としてザ・パワー・オブ10とＬＱＣの解説があり、デトロイト市の地域資源と都市構造を整理した上で、このプランが策定されるまでのプロセスが記載されている（②プレイスメイキングのプロセスと手法）。そして、ザ・パワー・オブ10で選定された10の場所のうち、パイロットプロジェクトの対象地として三つの公共空間が挙げられている。さらに、10の場所についてそれぞれ、プロジェクトの目標と地域の歴史、課題、長期的な目標、ＬＱＣの目標、ＬＱＣと付属計画の概要で構成されている（③プロジェクトの狙いと内容）。そして最後に、各プロジェクトの実施スケジュールの一覧が記載されている（④実施計画）。

このように、地域との協働によって進めてきた計画策定プロセスの成果を誰が見ても理解しやす

図3　オポチュニティ・デトロイトのプレイスメイキング・プラン。
表紙（左）、イントロダクションにステークホルダーが明記されている（右）
（出典：「プレイスメイキング・ビジョン・フォー・ダウンタウン・デトロイト」）

プレイスメイキングの理念

□デトロイト中心市街地の新計画　□なぜデトロイトでプレイスメイキングが必要か　□素晴らしい「場」を生みだすもの

プレイスメイキングのプロセスと手法

□10 の場所的資源
□ウッドワード・アベニュー：目的地の結節
□簡単に、素早く、安く（LQC）
□デトロイト中心市街地におけるプレイスメイキングのプロセス
□機会

プロジェクトの狙いと内容

キャンパス・マルティウス・パーク／キャデラック・スクエア	キャピトル・パーク	グランド・サーカス・パーク
□目標と地区の歴史	□目標と地区の歴史	□目標と地区の歴史
□課題	□課題	□課題
□長期的な目標	□長期的な目標	□長期的な目標
□LQC の目標	□LQC の目標	□LQC の目標
□LQC と付属計画の概要	□LQC と付属計画の概要	□LQC と付属計画の概要

実施計画

□実施計画のスケジュール

図4　プレイスメイキング・プランの構成

いビジュアルでまとめ、その一部が実際に街の中で実現されることをイメージさせることで、「自分たちの力で地域を変えることができる」「描いた将来像の一部が実現できた」という実感をより多くの人に持たせることを可能にしているのである。

Phase 10 取り組みを検証し、改善する

2012年から始まったデトロイト市のダウンタウンにおけるプレイスメイキングの取り組みは、7年の歳月を経て確実にその成果が見え始めている。筆者が現地を訪れた2017年夏には非常に豊かなシーンが街の中に生まれていた。

キャデラック・スクエア脇の車道は歩行者天国化され、路面に鮮やかなペイントがされ、複数のバスケットコートやビーチバレーコートも設けられたスポーツゾーンとしてアクティビティが誘発されていた（写真4）。コートの脇には管理者と利用時間を示すサインが置かれており、誰の責任でこの場が運営管理されているかが明示されている。

キャンパス・マルティウス・パークでは、芝生広場に置かれたテーブルセットでチェスや日光浴をする人がおり、その近くにはウェイターがサービスを提供するレストランも設置されていた（写真5）。これは、アメニティの向上に加え、常に誰かの目がある空間にすることで治安の向上も図っている。さらに、ビルの日陰になっていた一部の芝生広場は、芝生の代わりに砂が敷き詰められたアーバンビーチへと改修され、はしゃぎ回る子どもを眺めながらデッキの店でビールやカクテ

写真4　車道を歩行者天国化して設けられたスポーツゾーン（上）、管理者と利用時間を明示したサイン（下）

ルを楽しむ多くの親子連れで賑わっていた。

そして将来像にも描かれていたＬＲＴの復活も実現されていた（写真６）。１９５６年に廃止された路面電車のダウンタウンの路線は、街なかでの大人数の輸送機関として再び注目され、２００６年から再導入が検討されていた。２０１１年には当初予定していた連邦政府の支援金が郊外の高速バスシステムに振り替えられ、一時計画が頓挫したが、最終的には民間投資家や市の判断もあり、２０１７年5月に本格運用が開始されている。ネーミングライツをクイックン・ローン社が取得したことから「ＱＬＩＮＥ」という名称で市民に親しまれており、メインストリートのウッドワード・アベニュー

写真5　芝生広場を改修したアーバンビーチ（上）、新設のレストラン（中右）
写真6　街の再生の象徴となったLRT、QLINE（中左）
写真7　まだプレイスメイキングの成果が出ていないキャピトル・パーク（下）

に沿って走行する沿線は今後も新たな投資や開発が起こることが期待されている。

一方で、キャンパス・マルティウス・パーク／キャデラック・スクエア以外のパイロットプロジェクトでは、資金や人材の確保、周辺との合意が進んでいないためか思わしい成果は上がっていないようである。パイロットプロジェクトの一つであるキャピトル・パークでは、プレイスメイキング・プランで詳細な改善案が記載されているものの、現地では床材が剥がされたままストリート・ファニチャーが置かれているのみで、人のアクティビティを誘発するようなコンテンツも挿入されておらず、人気のない状態のままであった（写真7）。周囲のビルも廃墟のまま放置されており、近寄りがたい雰囲気を漂わせていた。

ただ、この状況も冷静に見れば、限られた時間、人材、予算の中で優先順位を明確にして資源を集中することでキャンパス・マルティウス・パーク／キャデラック・スクエアでは確実に成果を上げているとも言える。このような「選択と集中」の判断もプレイスメイキングにおいて重要である。

3 プレイスメイキングの体系

最後に、オポチュニティ・デトロイトのプロジェクトをプレイスメイキングのプロセス・デザインのフェーズに沿って整理する。

Phase 1	**「なぜやるか」を共有する**
	財政破綻した街に安心安全な暮らしを取り戻す
Phase 2	**地区の潜在力を発掘する**
	中心部と水辺をつなぐ通りを軸にした多様な地区と空間を対象に設定する
Phase 3	**成功への仮説を立てる**
	街のハブとなる空間に、集中的に投資して多様な滞留行為を誘発する
Phase 4	**プロジェクト・チームをつくる**
	地元の飲食、スポーツ、交通事業者と協議会組織でチームを構成する
Phase 5	**段階的に試行する**
	二つの広場的空間に多様なコンテンツを挿入して来街と滞留の動機をつくる
Phase 6	**試行の結果を検証する**
	利用者の反応をもとに本格実施する内容を精査する
Phase 7	**空間と運営をデザインする**
	本格実施する空間整備やコンテンツのメニューを検討する
Phase 8	**常態化のためのしくみをつくる**
	地元企業を中心に運営の主体を決め、市との適切な役割分担を行う
Phase 9	**長期的なビジョン・計画に位置づける**
	これまでの経緯や将来的なイメージを含めたプレイスメイキング・プランを作成する
Phase 10	**取り組みを検証し、改善する**
	4半期ごとのアクション・プランを作成し、成果を確認しながら連鎖的に展開する

4 都市再生の多様な取り組み

本題からは少しそれるが、デトロイトではプレイスメイキングの取り組みの他にもさまざまな都市再生の動きがあり、それによって街は少しずつ活力を取り戻している。

グラフィティ（落書き）やミューラル（壁画）といったパブリックアートでデトロイトの街を再生しようとしている「ライブラリー・ストリート・コレクティブ」（写真8）。ダウンタウン北部にある巨大な廃工場を改造しながらファッション・デザイナーやアーティスト、スモールビジネスのオーナーが入居するクリエイティブ・ハブとなった「ラッセル・インダストリアル・センター」（写真9）。鉄道の廃線跡を、連邦政府、デトロイト市、ミシガン南東部コミュニティ基金、デトロイト経済成長協会等によって市民が安全に利用できる緑道として再生した「デキンダー・カット・グリーンウェイ」（写真10）。こうした取り組みは先駆的な事例である。

そのような動きの中でも注目すべきは、ものづくりを通してデトロイトの若者の雇用を守ろうとするシャイノラ社である（写真11）。シャイノラ社は2011年に創業し、地元の元工場労働者などを雇って職人に育成し、ゼロから時計ブランドを立ち上げた。創業オーナーは世界的時計メーカー、フォッシルのファウンダー、トム・カルトソーティス氏で、腕時計の製造からスタートし、現在では革製品、自転車、コーヒー、炭酸飲料、レコードプレイヤー、野球のバットまでつくっている。

シャイノラ社の特徴は、最初に何をつくるか決めるのではなく、デトロイトの人々に息づく質の高いものづくりの技術を活かせるものをつくり、地元に雇用を生むというポリシーで経営している点にある。現在はアメリカを中心に19店舗を展開し、従業員約600人のうち380人がデトロイト市民とのことで、地元の雇用を守ることにも貢献している。

市の財政破綻から7年を迎えるデトロイト市では、このように都市再生の動きが進んでいるが、ダウンタウンの中心部におけるプレイスメイキングの取り組みもまた、その一つのアプローチとして街に寄与している。

写真8　ライブラリー・ストリート・コレクティブが仕掛けたダウンタウンの巨大なミューラルアート

写真9　デザイナーやアーティスト、スモールビジネスのオーナーが入居する
クリエイティブ・ハブ、ラッセル・インダストリアル・センター

写真10　廃線跡地を再生したデキンダー・カット・グリーンウェイ

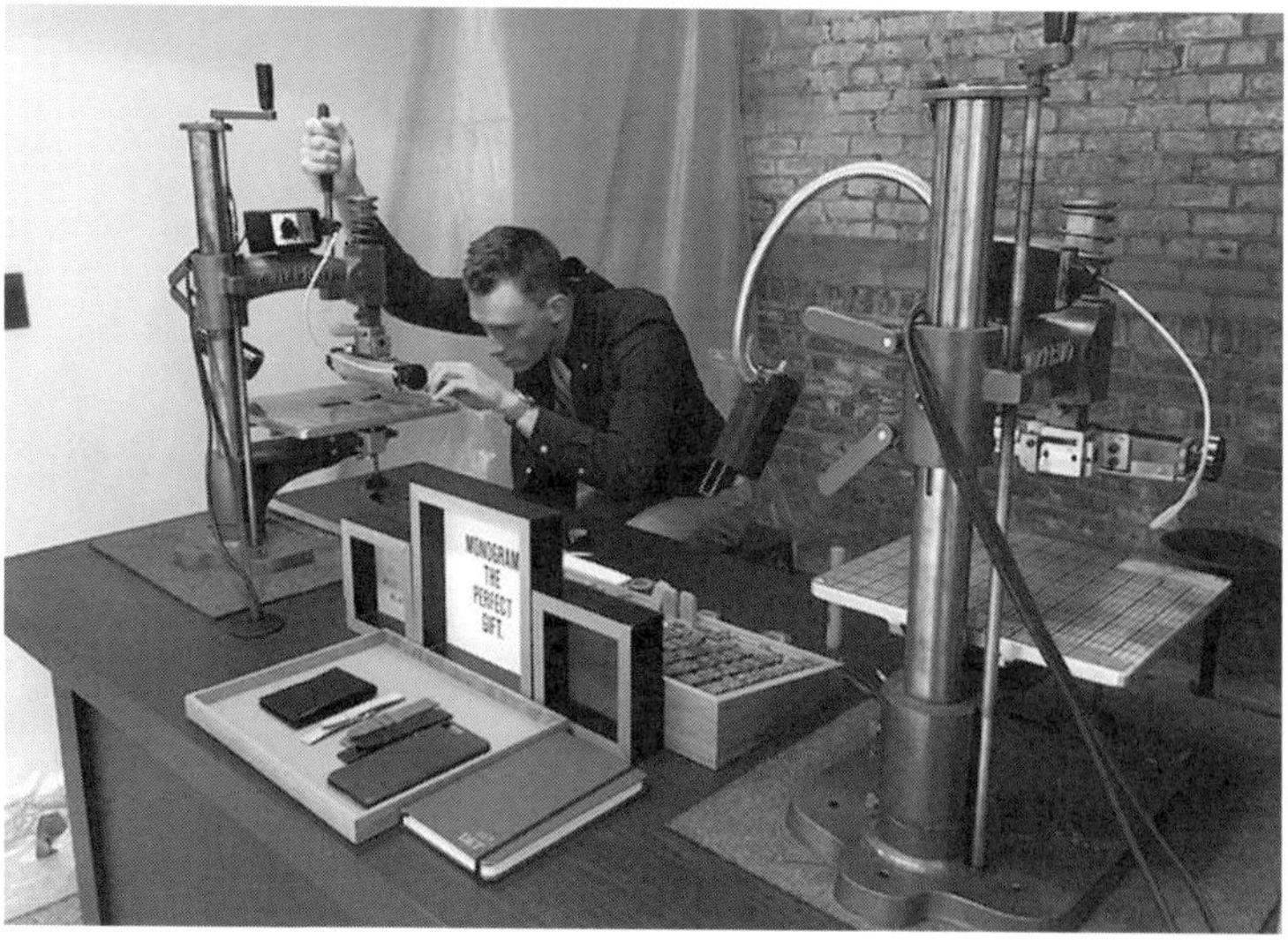

写真11　シャイノラ社で時計のバンドに刻印する職人

DATA

所在地	埼玉県鴻巣市
市　域	約67㎢
人　口	約12万人
タイプ	地方都市の郊外
主　導	土地区画整理組合、まちづくりコンサルタント、環境デザイナー
実施年	2004年～（土地区画整理組合は2011年に解散）

2011年 ©鴻巣市北鴻巣駅西口土地区画整理組合

CASE 2 北鴻巣すたいる

住宅地の価値を高める環境デザイン

埼玉県の北部に位置する鴻巣市。駅前の土地区画整理事業によって新たに生まれた住宅地は、プレイスメイキングの方法論によってハード／ソフト共にさまざまなデザイン的アプローチを導入することで、街の価値が持続する住宅地モデルに挑戦している。

2005年 ©鴻巣市北鴻巣駅西口土地区画整理組合

1 背景：区画整理による新興住宅地

プレイスメイキングの手法が有効なのは、既存空間の再生のみではない。ここで取り上げる埼玉県鴻巣市の事例は、土地区画整理事業によって新たに生まれた新興住宅地での取り組みである。土地や道路の形状からデザインし直す、ある意味ゼロスタートに近いこのプロジェクトにおいても、プレイスメイキングの方法論に通じる取り組みが実践されている。

1954年の土地区画整理法制定以降、全国1万1618の地区、34万4457haの土地で土地区画整理事業が実施されてきた。34万4457haという規模は、全国の市街地（人口集中地区：DID）の約3割に相当する面積であり、その中で全国の街区公園、近隣公園、地区公園の約5割に相当する約1万4000haの公園が創出されている。[*1]

しかしながら、土地区画整理事業によって整備される公園等の公共空間は、整備後、行政に移管することを前提に管理効率優先の計画・設計がなされ、空間や管理方法が画一的になる場合が多い。さらに、細かな利用規則を設定しすぎて、結果的に誰にも利用されなくなり、治安の悪化やバンダリズム（破壊行為）の温床となる等の問題を抱える地区もある。こうした課題を解決し愛着を持たれる公共空間を創出するためには、管理制度や計画手法の改善に加え、事業開始時点から完成後の活用を見越して空間整備を行う、戦略的事業プロセスを実現することが重要である。

また、近年では土地区画整理事業を巡る状況も変化している。その一つが、事業範囲の小規模化であり、近年では地区面積が10haに満たない事業が全体の6割以上にのぼる。[*2] 事業範囲を小規模化することにより、地権者の合意形成が図りやすくなる、事業期間が短縮でき効果が早期に得られる、既成市街地の低未利用地再編等でも事業が可能になるといったメリットがある。このような近年の傾向である小規模区画整理にエリアマネジメントの考え方を導入することで、「まちづくり契機の多様化、都市計画的な意義づけによる開発行為との差別化、即時的効果、多様なニーズへの対応、土地利用のマッチング」といった効果が得られると考えられている。[*3]

今回取り上げる鴻巣市の北鴻巣駅西口土地区画整理事業地区（以下、北鴻巣地区）も、施行面積9・3haと比較的小規模であり、事業完了後は地権者でもある住民を主体としたNPO法人が公共空間の管理運営を中心とした地区のマネジメントを行っているという点で、近年の傾向を反映している。その中でも北鴻巣地区は、これまでの土地区画整理事業では重視されてこなかった公共空間の整備・活用に注力し、事業当初から完了後まで、プレイスメイキングの戦略的事業プロセスに基づいて取り組んできた。

北鴻巣地区の土地区画整理事業の特徴の一つは46・91%という高い減歩率にある。[*4] その実現経緯は後述するが、小規模な面積でも高い減歩率を実現することによって公園緑地を集約した地区の顔となる4000㎡を超える中央公園の確保が可能となった。

さらに事業期間の短さも特徴的である。北鴻巣地区では組合設立準備会が設立されてから約1年4カ月で事業化し、2005年の組合設立認可後から約5年という早さで街開きに至っている。事業関係者へのヒアリング調査からも、事業期間を短縮し完了の時期を明示することで、地権者である住民のより具体的な土地利用の要望や生活のイメージを引きだし、まちづくりへの意欲が高い状態のまま事業を完了させ、エリアマネジメントの段階へ移行できたことがわかった。

こうした状況を生みだせたのは、業務代行方式の活用によるところが大きい。民間事業者が組合の運営に関する事務、換地・設計・造成等といった事業の施行に関する相当部分を一括して代行するこの事業手法はまだ例が少なく、なかでもコンサルタントが業務代行者の委託を受けている例は近年でも全体のわずか2・4%しかない。[*5]

北鴻巣地区ではこうしたさまざまな工夫のもとに土地区画整理事業が進められたことによって、プレイスメイキングの戦略的事業プロセスを応用できる基盤が築かれていた。

2 プレイスメイキングのプロセス

Phase 1-4 取り組みの準備

北鴻巣地区でのプレイスメイキングの目的は、土地区画整理事業というゼロから新たな住宅地を創出するという事業モデルにおいて、そこに暮らす人々が愛着と誇りを持ち、いずれはそこで育った次の世代の故郷になっていく環境をつくることである。

そのために、鴻巣市の地場産業である花卉《かき》産業に関連させた花と緑溢れる公園や住宅の庭をデザインし、専門的知識を持つ住民やリーダーシップを発揮できる住民と連携しながら公共空間を運営するという方針が、鴻巣市北鴻巣駅西口土地区画整理組合で提案された。新興住宅地のため空間的な潜在力というものは見いだしがたいが、人的な資源の発掘は可能であったことが、この地区の一つの特徴である。

また、居住者が街の将来像を共有するためのツールとして、街のコンセプトが作成されている。*6 鴻巣市の地場産業である花卉産業にちなんだ「花と緑と共に育つまち」を軸に、「ひとや世代の交流があるまち」「一人ひとりが主役、参加するまち」「ルールがつなぐ安心のまち」という四つのコンセプトが提案され、その具体策として、効果的な中央公園の配置、住民による公園の自主管理、スポンサー花壇の設置、拠点としての集会所の設置、建築外構ガイドライン（以下、ガイドライン）の作成、コンセプトブックの作成等、ハード／ソフトの両面においてさまざまなプログラムが盛り込まれている。

このコンセプトが、ある意味で自分たちの暮らしを豊かにする仮説の役目を果たし、住民自身が地区の個性を育てていく感覚が根づいたと言える。このように、地区全体や公共空間に対する考え方を設定し、住民が共有することは、プレイスの構成要素である「印象」の形成にも寄与している。

北鴻巣地区におけるプロジェクト・チームは、事業を進めるプロセスの中で徐々に形成されていった。土地区画整理事業の事業化に向けて、２００４年から後に業務代行者となるまちづくりコンサルタントの株式会社サポート（以下、業務代行者）により全地権者の個別ヒアリングが実施された。その後２００６年1月から、業務代行方式の採用により業務代行者が事業の開始から完了まで一貫して事業推進の役割を担うことが可能となった。

その翌年、サイトプランニング監修者として、筑波大学准教授で環境デザイナーの渡和由氏（以下、環境デザイナー）が事業に加わる。土地区画整理事業の典型や業界の常識にとらわれない、環境デザイナーのプランやデザインを業務代行者が事業の枠組みに落とし込み実現していくという協働体制が構築された。

その中で、住民による公共空間の自主管理が計画され、業務代行者によって２００８年に「ＮＰＯ法人エリアマネジメント北鴻巣」（以下、エリマネ北鴻巣）が設立される。そして事業期間中から集会所の管理活動をはじめ実績を積んできたエリマネ北鴻巣が、２０１１年の事業完了後、鴻巣市から中央公園の指定管理業務を受託し、地区の本格的なエリアマネジメント活動を展開していくことになる。

このように業務代行者が、地権者（事業化以前、事業完了後）、行政（事業化から事業完了後まで）、環境デザイナー（事業期間）といった主な関係者との間で、事業プロセスに応じた適切な役割分担と緊密な連携体制を築いてきた（図5、6）。

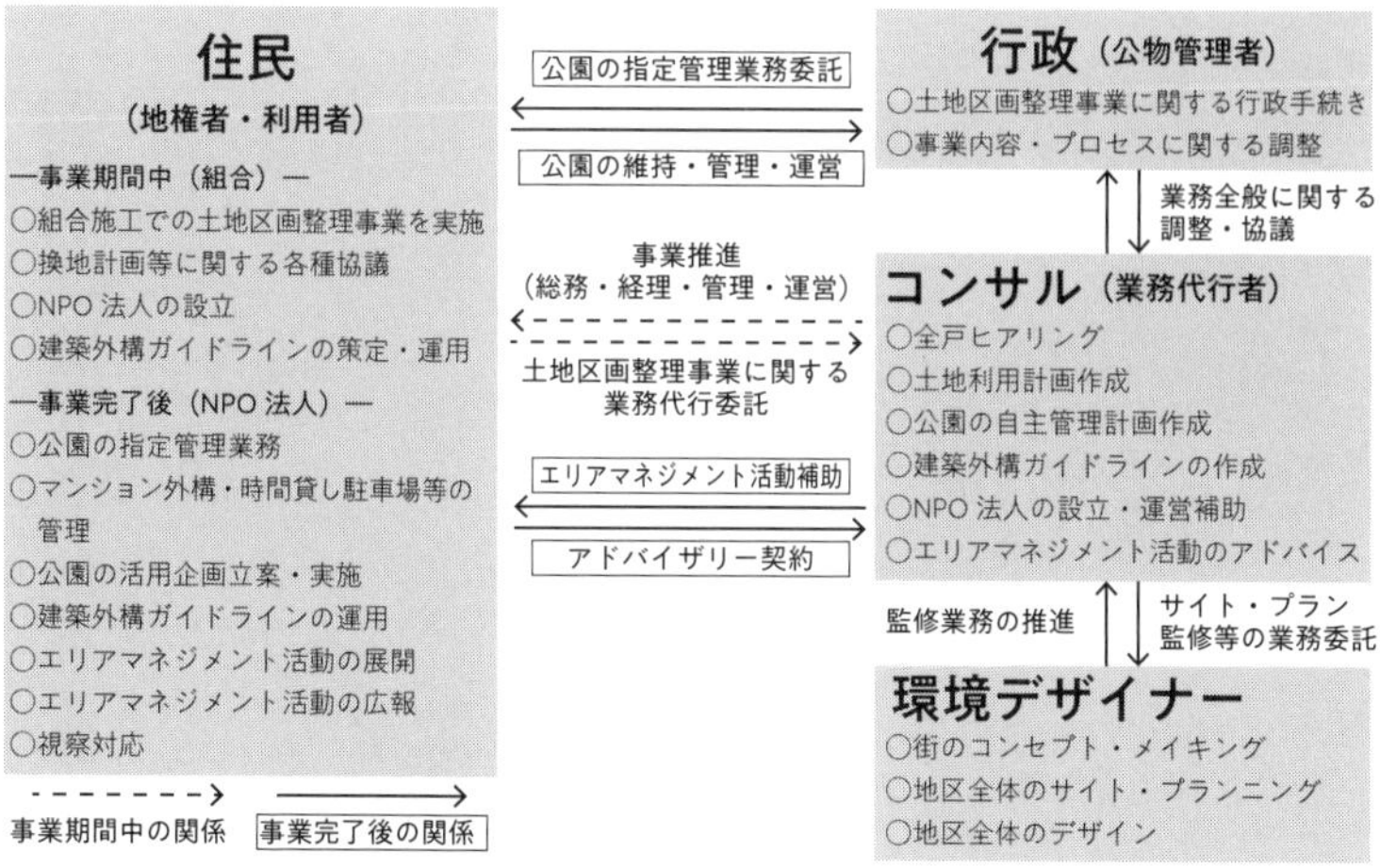

図5　北鴻巣地区の事業関係者の連携体制

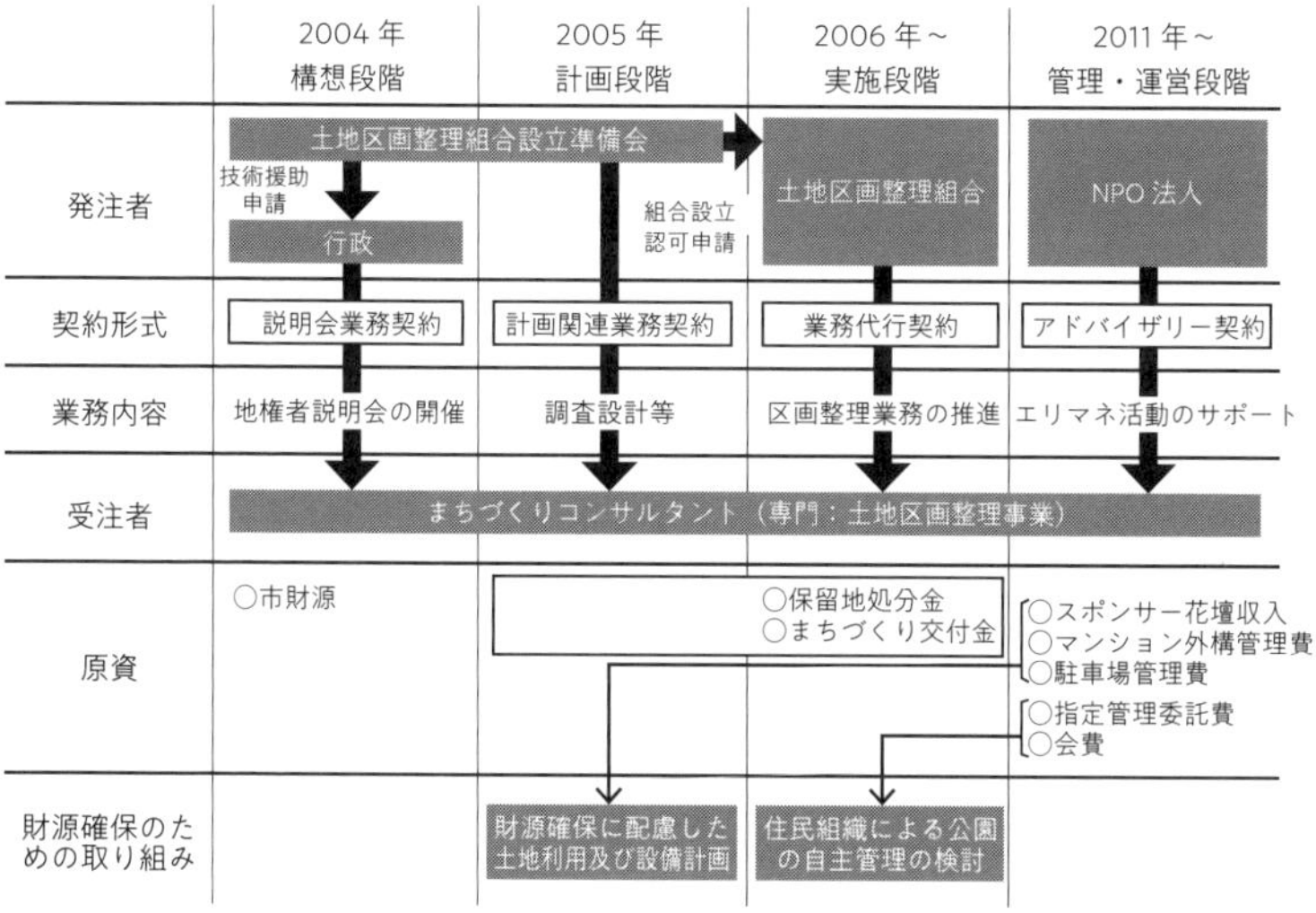

図6　事業のプロセスと受発注の形式

Phase 5-7 試行して計画を練る

北鴻巣地区の豊かな暮らしの核となるのが、地区の中央に配置された中央公園である。土地区画整理事業によって新設される街区公園の多くは、設計標準や開発指針に基づく、利用者アクセスの公平性確保の観点から、一定の面積や宅地数ごとに分散させて整備される場合が多い。しかし北鴻巣地区では、環境デザイナーと業務代行者の連携によって、中央公園と住民との接点を極力増やす集約型の配置計画としている（図7、写真12）。さらに調整池を地下化し、中央公園の外周長を増やす（幅約175m×奥行き約25m）ことで中央公園に面する宅地を増やし、中央公園に面さない住戸についても、前面道路の突当りにアイストップとして中央公園が見えるよう計画されている（図8）。これらの住宅地のデザインは、日本におけるプレイスメイキング研究の第一人者である渡氏が、将来そこに住む人々の豊かな暮らしのシーンを想定した際に公園という公共空間がどのような規模、位置、形状、環境であるべきかをプレイスメイキングの理念から紐解き計画したものである。

写真12　中央公園　©鴻巣市北鴻巣駅西口土地区画整理組合

このような配置計画が実現できた要因は、業務代行者と地権者との信頼関係にある。業務代行者は事業化に向けたヒアリン

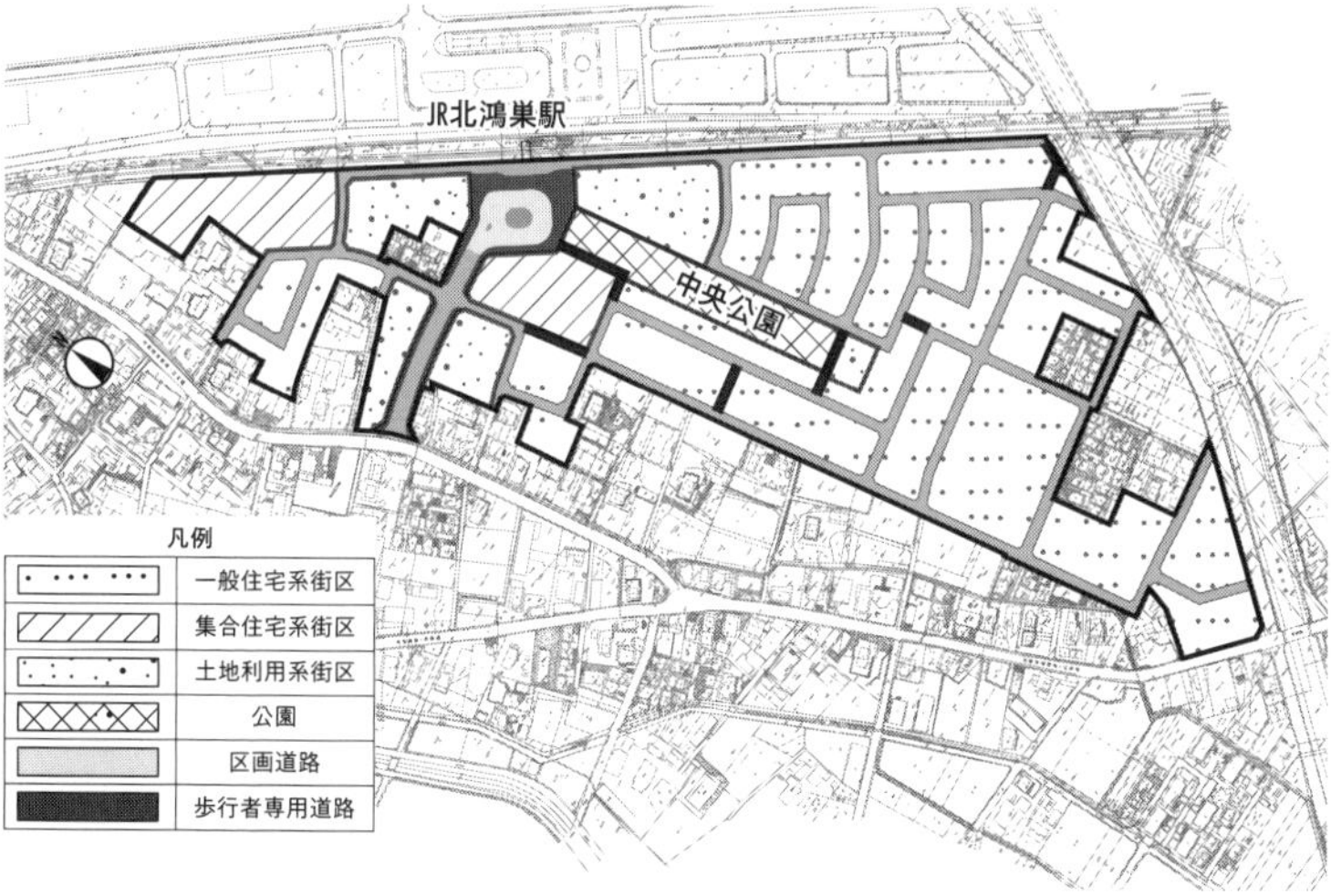

図7　土地利用計画図（出典：鴻巣市北鴻巣駅西口土地区画整理組合の資料を元に作成）

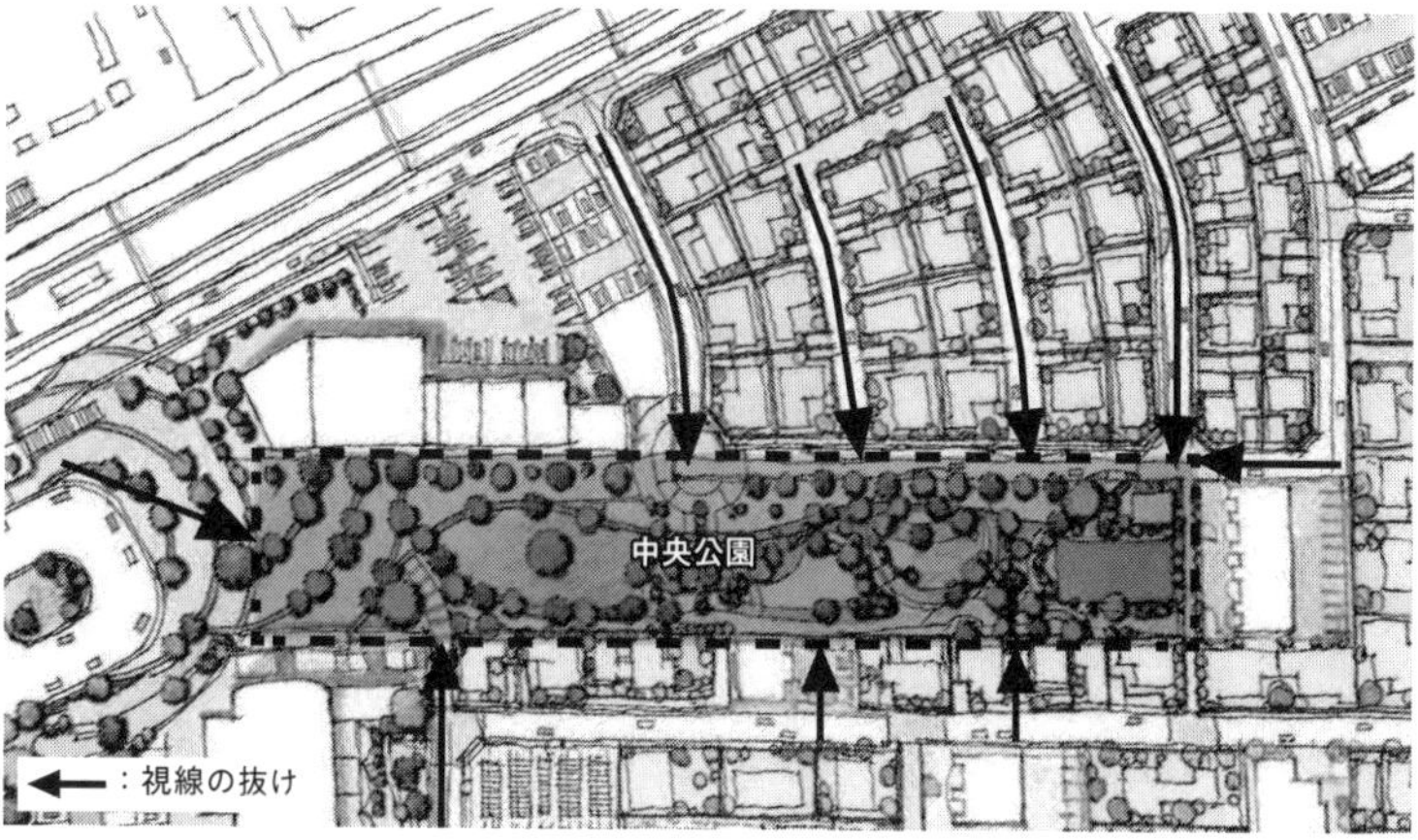

図8　中央公園をアイストップとする配置計画（出典：鴻巣市北鴻巣駅西口土地区画整理組合の資料を元に作成）

グの段階で地権者全員の戸別訪問を実施し、「使う・貸す・売る」の三つの選択肢を提示した上で、税金対策や資産継承等、地権者の抱える不安を解消しながら土地利用の意向を丁寧に汲み上げていった。こうして地権者との信頼関係を構築することで、減歩率や換地位置の設定も含めて業務代行者が全権的な委任を受けることが可能となった。

また、当初の事業計画範囲は現在の2倍以上あるものだったが、まず事業化することを最優先して合意形成が可能であると想定される範囲まで縮小し、さらにその範囲内であっても同意の得られない所有者の土地は計画範囲から外した。

こうした工夫を重ねることで、高い減歩率と、照応の原則に縛られない換地計画が可能となり、環境デザイナーのプランニングが実現されている。

質の高い空間を活かす運営上の特徴は、住民主体の自主管理組織、エリマネ北鴻巣の活動に集約される。北鴻巣地区では業務代行者と住民との事前協議を通して、街のコンセプトを実現するためには、その中心である中央公園の運営管理を住民が自ら行うことが重要であるという意識が住民の間で共有されていた。また、行政にとっても管理業務を住民組織へ委託することで市民との協働推進、管理業務の軽減といったメリットがあった。

そうした背景から、エリマネ北鴻巣は2011年の事業完了とともに鴻巣市から中央公園の指定管理業務を委託され、街のコンセプトを軸に各種の活動を実施している。さらにエリマネ北鴻巣が自治会では実施が難しいイベントの企画・運営やスポンサーの獲得、ガイドラインの運用等も行う

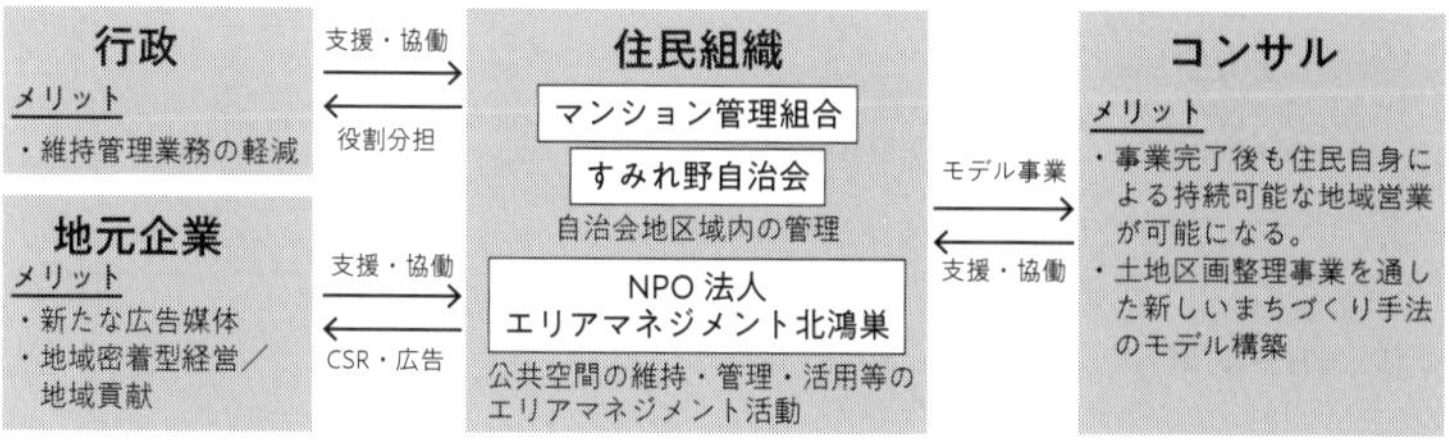

図9　地区の住民組織の連携体制

ことで、事業完了後の北鴻巣地区におけるプレイスメイキングの中心的存在となっている（図9）。

通常、既成住宅地でこのような住民主体のプレイスメイキングの担い手組織を組成することは容易ではなく、長い時間と丁寧な合意形成が必要であるが、北鴻巣地区は土地区画整理事業というスキームの性格上、良くも悪くも新しく生まれる住宅地のあり方をゼロから議論しなければならない状況であったからこそ、このような運営上の適切な役割分担が実現できた側面もある。

また、エリマネ北鴻巣は中央公園の指定管理者を選定する際に、評価基準となる組織の実績をつくるため、土地区画整理事業の事業期間中から先行して整備された集会所の運営等を開始していたため、自治会やマンション管理組合に先行して設立された独立組織という、自然に地区全体の公共空間の運営を担う組織としての認識が住民の間で共有されていった。空間のデザインや整備のみでなく、運営のしくみにおいても戦略的なプロセスを描くことで、将来あるべき姿を現実的な形で実装することが可能になるのである。

エリマネ北鴻巣は現在、３３０名（２０１３年）の会員が所属し、正

部会名称	活動内容
①広報活動部会 【組織統括部門】	1. 視察対応（街の紹介） 2. スポンサー企業の報告資料作成および募集 3. イベント告知、各種案内活動（広報） 4. 公園の指定管理者制度の検討
②資金計画部会 【資金管理部門】	1. 会費徴収および案内送付 2. 日々の資金管理（予算の消化状況報告） 3. 決算報告（総会）および事業報告（件） 4. 収入管理（スポンサー花壇振込案内等）
③まちづくり部会 【維持管理部門】	1. スポンサー花壇、テラコッタ、コモンガーデン、公園植栽の維持管理 2. ストリート花壇植替イベント、地域クリーン活動 3. アップルパーク駐車場の芝目地メンテナンス
④イベント部会 【レクリエーション部門】	1. 各種イベントの企画・運営 （ラジオ体操、クリスマスイベント、交流会等）
⑤景観指導部会 【住環境管理部門】	1. 建築外構ガイドラインによる地区内建物・外構の審査および指導 2. 防犯パトロール兼巡回、パトロール中の軽微な清掃（ゴミの確認）

表2　エリマネ北鴻巣の部会と活動内容（出典：「北鴻巣 暮らしの手引き」）

会員は下記の五つの部会に分かれて活動をしている（表2）。

①広報活動部会【組織統括部門】
②資金計画部会【資金管理部門】
③まちづくり部会【維持管理部門】
④イベント部会【レクリエーション部門】
⑤景観指導部会【住環境管理部門】

活動の主軸を担うまちづくり部会では地区内の公共空間の維持管理活動を毎月行っている。植栽管理もイベントとして実施し、花や樹木の専門家の住民が参加者に指導し、街の景観を維持するだけでなく参加者の家の庭の手入れにも使える知識を学ぶ場にもなっている。それに加えてイベント部会が、ラジオ体操やクリスマス会など地区外の住民との交流機会を創出している。景観指導部会はガイドラインに基づいた地区内建物・外構の審査、指導を行っている。こうした事業後の維持管理体制が構築されていることで公共空間の質が保たれ、居住者の定期的な交流機会が創出されている。

北鴻巣地区ではこのように、住民による自治的な組織でありながらも内部での役割分担を明確にすることで会員の活躍の場をわかりやすく設け、やりがいを持って参加してもらえる工夫を施している。地縁コミュニティとテーマコミュニティが融合したようなこの組織形態は、新興住宅地に住む人々にとって街にコミットする貴重な場にもなっている。また、プレイスメイキングの視点から見れば、計画や試行といった段階から始めて、最終的には常態化した公共空間を住民や利用者が自分たちで運営管理していくというのは、その場所がプレイスとして地域に根づいた一つの目安であるとも言える。

Phase 8-10 価値を定着させる

北鴻巣地区では、街を良好に保つための建築外構ガイドラインも作成している。ガイドラインに記載されている項目は表3に示す九つである。このガイドラインは、紳士協定としてエリマネ北鴻巣によって運用されている。

具体的には、公園の樹木の高さおよび配置間隔を調整し、住宅からの視線の抜けの確保や、公園に面する建物をセットバックして花壇を設ける等の配慮が施されている（写真13）。さらに景観上重要な角地部分や街路沿いの花壇については、個人の敷地内であってもエリマネ北鴻巣が植栽の選定や維持管理を行っている点も特徴である。こうした建築や外構の形態をコントロールすることによって住環境を維持し、地区の不動産価値の向上を図っている。

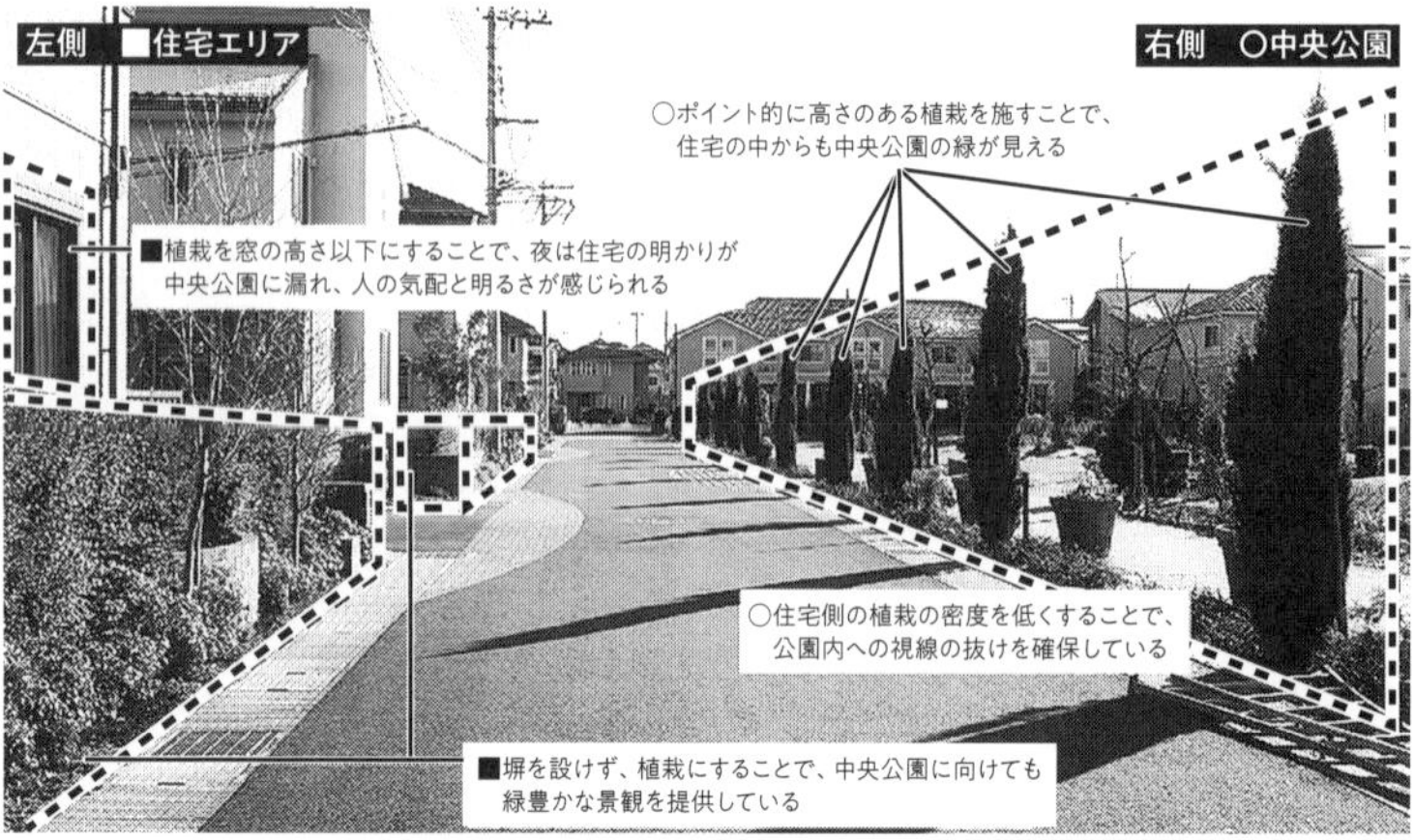

写真13　宅地の植栽と中央公園の借景の関係

敷地内緑地化基準	敷地沿道部整備	緑被率
駐車場：緑化	駐車場：透水性	アプローチ
建築物色彩・素材	色彩数値基準：外壁	色彩数値基準：屋根

表3　建築外溝ガイドラインの項目

持続可能な組織運営を可能にするため、エリマネ北鴻巣では会員制度も丁寧にデザインされている。この組織は四つの会員種別を設けており、北鴻巣地区の居住者は基本的に全員が正会員（運営者的立場）もしくは一般会員（協力者的立場）として活動に参加することになる（表4、図10）。取材当時の2014年9月現在の会員数は正会員23名、一般会員306名で、主に地区外の組織からの協力を想定した賛助会員およびボランティア会員は、賛助会員が1団体、ボランティア会員は登録がなかった。

これらの種別を設けた狙いの一つは、種別ごとに活動への参加度合いや権利（議決権）の差を明確化することで、参加者に不公平感を抱かせないためである。自

会員区分	正会員	一般会員	賛助会員	ボランティア会員
対象者	個人	個人	個人・団体	公共機関
資格	運営に従事	活動参加	組織賛助	ボランティア活動
年会費	6000円	6000円	6000円	0円
議決権	あり	なし	なし	なし
会員数	23名	306名	1団体	0

※会員数は2014年9月現在の実績

表4　エリマネ北鴻巣の会員種別一覧（出典：「北鴻巣 暮らしの手引き」）

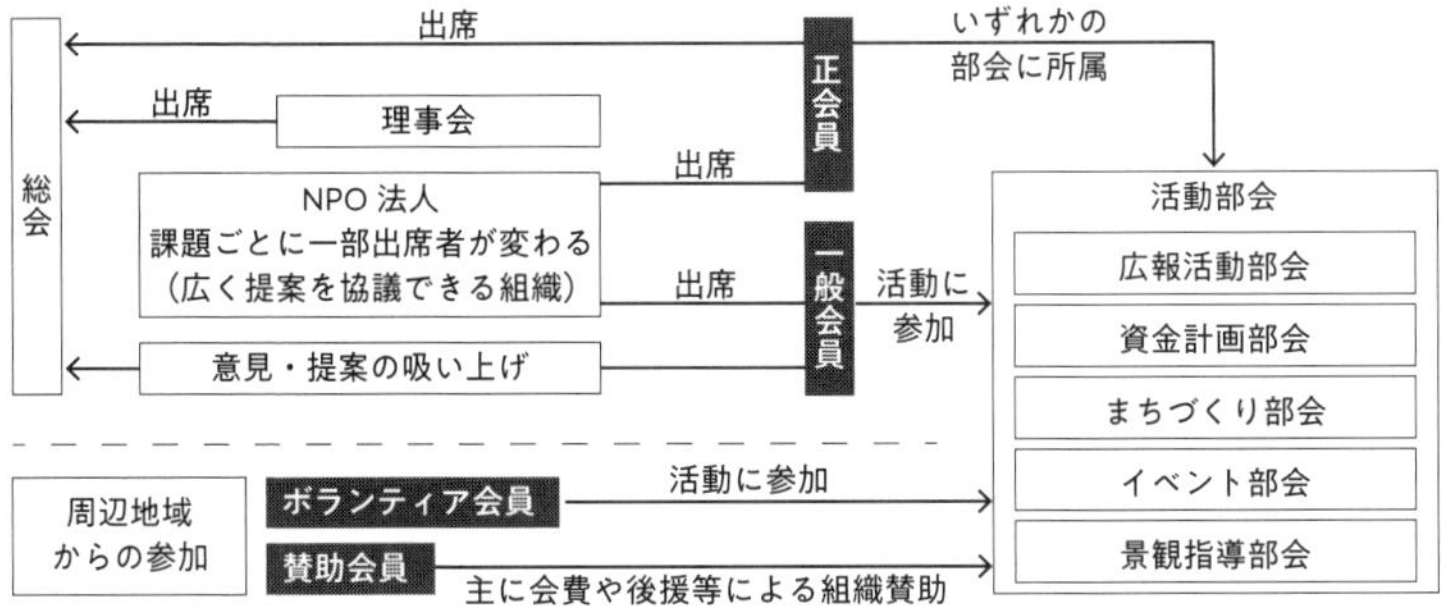

図10　エリマネ北鴻巣の運営体制（出典：「北鴻巣 暮らしの手引き」）

治的な運営をエリアマネジメントとして実施する場合に、費用負担や活動の負担は負わないにもかかわらず、その活動によって生まれた利益や良好な環境のみ享受する、いわゆるフリーライダーの問題をあらかじめ排除するためのしくみである。

また、別の狙いとしては、北鴻巣地区に住む若い世代が出産や子育て、会社勤め等で活動に参加しにくい時期、将来的な子どもの独立後や定年退職後等の活動に参加しやすい時期といったライフステージの変化に応じて会員種別を変更し、参加の度合いを変えられるようにするという点もある。

こうしたしくみを積極的に取り入れている背景には、地区内に高齢の地権者が住む戸建て住宅から、若い家族向けの分譲マンション、単身者向け賃貸アパートといった多世代向けの住宅が混在しており、多様な属性やライフステージの人々が自分に合った参加方法を選べるようにする必要があったからである。このような長期的な地区の環境の移り変わりを見越したしくみのデザインもまた、プレイスメイキングで考慮すべきポイントの一つである。

エリマネ北鴻巣が中央公園の指定管理を受託してから、取材当時の２０１４年度で4年目を迎えるが、２０１１、２０１２年度の収支は黒字で持続的に運営されている。２０１２年度の会計収支計算書をもとに作成したエリマネ北鴻巣の主な収支項目とその割合を見てみると、２０１２年度の予算額は約１５４０万円だが、そのうち約半分は前年度からの繰越金であるため表中の科目からは外している。その他の収入の69％は指定管理者委託業務やスポンサー花壇事業、駅前マンションの外構管理業務を中心とした事業収入であり、会員からの会費収入は26％となっている（表５）。特に駐車場関連業務や集会所貸出業務については、収入に占める割合は低いものの、土地利用計画策定段階からエリマネ北鴻巣の財源確保に活かすことを見越して、時間貸し駐車場や広いキッチンとダイニング等を備えた集会所を整備した結果である。ここにも戦略的事業プロセスの効果が現れている。

またエリマネ北鴻巣では、会員として街の維持管理に従事している住民に労働対価として賃金を支払い、組織の収益の一部を参加者に還元している。このように、空間の質を保つためには、公共空間の運営管理を行う組織が財政的に自立していることも重要な要素の一つである。

次に、事業完了後に実施した居住者アンケート調査（エリマネ北鴻巣の協力のもと、当時筆者

収入		支出	
科目	割合	科目	割合
指定管理者委託業務	31%	パート職員人件費	14%
会費	26%	花苗費	12%
スポンサー花壇収入	22%	維持管理活動費	10%
駅前マンション外構管理業務	7%	事務局人件費	10%
駐車場駐輪場維持管理業務	4%	各種イベント費	7%
駅前広場管理業務	4%	アドバイザリー費	4%
イベント収入	1%	広告活動費	2%
寄付金	1%	福利厚生費	2%
すみれ野集会所貸出	1%以下	固定資産取得費	1%
スポンサー花壇プレート代	1%以下	積立金	10%
雑収入（自動販売機収入等）	4%	その他経費（水道光熱費等）	28%
合計	100%	合計	100%

※繰越金（収入）および予備費（支出）を除いた科目での割合

表5　エリマネ北鴻巣の主な収支項目（出典：エリマネ北鴻巣の2012年度会計収支計算書）

が所属していた工学院大学倉田研究室が実施）の結果をもとに、これまで見てきた北鴻巣地区でのプレイスメイキングの方法論を取り入れた取り組みの効果を検証する。

調査概要は表6に示す。アンケートは、①回答者の属性、②地区のまちづくり制度の認知度に関して、③中央公園の利用実態に関して、④エリマネ北鴻巣の活動への理解、参加に関して、⑤北鴻巣地区への愛着・イメージに関しての5項目で構成している。すべての設問と回答方式および回答数を表7に示す。

代表的な設問への回答を紹介すると、街のコンセプトに基づいて策定されたガイドラインについて、「ガイドラインに基づいた住環境をつくれているか」という設問（Q9、n＝73、SA）では、82%の住民が「つくれている」と回答している。

次に、中央公園の利用頻度（Q11、n＝80、

対象	NPO法人エリアマネジメント北鴻巣会員（すみれ野地区居住者）
調査期間	2014年1月30日　配布
回収方法	選択肢式（一部自由記述式）
配布・回収方法	配布：ポスティング　回収：郵送（返信用封筒）
配布費	339（世帯）
回収数	80（世帯）
回収率	23.6（%）
設問項目 （全31項目）	①回答者の属性（6項目） ②地区のまちづくり制度の認知度に関して（4項目） ③中央公園の利用実態に関して（6項目） ④ NPO活動への理解、参加に関して（11項目） ⑤地区への愛着、イメージに関して（4項目）

表6　居住者アンケート調査概要

SA）と滞在時間（Q12、n＝69、SA）に関する設問では、最も多かった回答は「1週間に一度」（19％）であり、1回あたりの滞在時間については「5〜10分」と「15〜30分」との回答が併せて57％となっている。また「中央公園の存在がきっかけで生まれたと感じるものがあるか」という設問（Q15、n＝80、MA）では、最も回答の多かった「緑豊かな住環境」（n＝39）に次いで、「住民同士の交流」（n＝31）、「住民と他地区の人との交流」（n＝31）の2項目が多く、計画時に意図した通り、中央公園が住民同士の交流促進の舞台となっていることが確認できた。さらに、「中央公園は回答者にとってどんな存在か」という設問（Q16、n＝80、MA）では、「地区の個性を表す場所」（n＝28）を筆頭に「この街の自慢の場所」（n＝19）という回答も多くあり、中央公園が地区の象徴として認識されていることが明らかになった。

次に「エリマネ北鴻巣が地域で果たす役割をどのように認識しているか」という設問（Q21、n＝80、MA）で

設問番号	設問	回答数・回答方式	
	回答者の属性		
Q01	居住地区、在住年数	n=80	SA
Q02	居住動機	n=80	MA
Q03	住居の位置	n=80	SA
Q04	回答者の性別	n=79	SA
Q05	回答者の年齢	n=80	SA
Q06	世帯人数	n=80	SA
	地区のまちづくり制度の認知度に関して		
Q07	「4つのコンセプト」を理解しているか	n=80	MA
Q08	「7つの思い」を理解しているか	n=80	MA
Q09	ガイドラインに基づいた住環境をつくれているのか	n=73	SA
Q10	景観維持作業（水やり、剪定、花植え替え等）に要する時間（1日あたり）はどの程度か	n=74	SA
	中央公園の利用実態に関して		
Q11	中央公園を利用する頻度はどの程度か	n=80	SA
Q12	1回あたりの滞在時間はどの程度か	n=69	SA
Q13	中央公園ではどのように過ごすか	n=80	MA
Q14	中央公園には、誰と何人で行くことが多いか	n=57	MA
Q15	中央公園の存在がきっかけで生まれたと感じるものがあるか	n=80	MA
Q16	中央公園は回答者にとってどんな存在か	n=80	MA
	エリマネ北鴻巣の活動への理解、参加に関して		
Q17	エリマネ北鴻巣の活動内容を理解しているか	n=80	SA
Q18	季節イベントへの参加経験はどの程度か	n=80	SA
Q19	植栽管理活動への参加経験はどの程度か	n=80	SA
Q20	集会所の利用経験はあるか	n=80	MA
Q21	エリマネ北鴻巣が地域で果たす役割をどのように認識しているか	n=80	MA
Q22	エリマネ北鴻巣があって良かったと感じたエピソード（記述式）	n=29	
Q23	エリマネ北鴻巣の活動に参加しにくい場合その理由は何か（記述式）	n=62	
Q24	四つの会員種別の効果を感じるか	n=65	SA
Q25	多世代が活動しやすくするためのアイデア（記述式）	n=13	
Q26	エリマネ北鴻巣の活動に積極的に参加したいか	n=73	SA
Q27	エリマネ北鴻巣の活動で実現したいアイデア（記述式）	n=14	
	北鴻巣地区への愛着・イメージに関して		
Q28	北鴻巣地区での暮らしに満足しているか	n=78	SA
Q29	北鴻巣地区にエリマネ北鴻巣の活動や中央公園があることに対して、その存在が「まちの個性」だと感じるか	n=77	SA
Q30	北鴻巣地区への愛着があるか	n=78	SA
Q31	この地区に住み続けたいか	n=74	SA

表7　居住者アンケートの全設問および回答数一覧

は「植栽管理活動による緑の維持」(n＝68)といった認知しやすいものから、「イベントの開催によるエンターテインメント提供」(n＝45)や「住民同士の交流の機会の提供」(n＝33)といった回答が多くあり、住民の交流が活性化されていることが明らかになった。

そして、「北鴻巣地区エリマネ北鴻巣の活動や中央公園があることに対して、その存在が『まちの個性』だと感じるか」という設問(Q29、n＝77、SA)では、65％の回答者が「個性を感じる」と回答しており、「北鴻巣地区への愛着があるか」という設問(Q30、n＝78、SA)では、76％の回答者が「愛着がある」と回答している。

こうしたアンケートの結果から、土地区画整理事業で生まれた新興住宅地においても住民たちにシビック・プライドが育まれていることがわかった。その背景には、空間整備と運営管理の両面においてプレイスメイキングの方法論が応用されてきたこと、そしてそのような状況を可能にする戦略的な事業プロセスを住民や業務代行者、環境デザイナーが一丸となって構築してきたことがある。

3 プレイスメイキングの体系

最後に、北鴻巣地区のプロジェクトをプレイスメイキングのプロセス・デザインのフェーズに沿って整理する。

Phase 1	**「なぜやるか」を共有する**
	新興住宅地において住民が街に愛着を持てる豊かな暮らしを実現する
Phase 2	**地区の潜在力を発掘する**
	地権者の中から、植栽や組織運営に関する専門性を持つ人物を見つける
Phase 3	**成功への仮説を立てる**
	公園用地を集約して象徴的な公共空間を街のシーンの軸にする
Phase 4	**プロジェクト・チームをつくる**
	環境デザイナーと業務代行者を中心に描いたプランを実現できるチームをつくる
Phase 5	**段階的に試行する**
	集会所を先行的に建設し、将来的な運営の担い手に管理を委託する
Phase 6	**試行の結果を検証する**
	集会所運営の実績をもとに公園運営の組織体制を検討する
Phase 7	**空間と運営をデザインする**
	公園を軸とした地区の価値を高めるサイトプランニングを行う エリマネ北鴻巣による公園と公共空間の運営のしくみをつくる
Phase 8	**常態化のためのしくみをつくる**
	建築外構ガイドラインを作成し、エリマネ北鴻巣を通じて住民自らが運用する
Phase 9	**長期的なビジョン・計画に位置づける**
	街のコンセプトやエリマネ北鴻巣のしくみを「北鴻巣すたいる」という冊子にまとめる
Phase 10	**取り組みを検証し、改善する**
	住民を対象としたアンケート調査の結果をもとに、活動を向上させる

DATA

所在地	神奈川県横浜市
市　域	約438㎢
人　口	約375万人
タイプ	大都市の郊外
主　導	団地管理組合、都市計画コンサルタント、ランドスケープデザイナー
実施年	2014年～

→

2017年 ©スタジオゲンクマガイ

CASE 3 左近山みんなのにわ

住民の自治による新たな団地再生

臨海部を中心に日本の都市デザインを牽引してきた横浜市。海とは離れた内陸に位置する左近山《さこんやま》団地では、団地の再生手法として建て替えではなく広場の改修という道を選択し、管理組合主催のプロポーザルを経て、住民主体のプレイスメイキングを実現している。

2015年 ©スタジオゲンクマガイ

1 背景：団地の建て替えから広場整備への転換

左近山団地は横浜市旭区に立地する棟数約200棟、総戸数約4800戸の巨大な団地である。1968年に入居が開始されてから約50年が経ち、建物の老朽化や住民の高齢化が進んでいた。今回取り上げるのは、このうち62棟、1300戸で構成される中央地区である（写真14、図11）。

左近山団地中央地区住宅管理組合（以下、管理組合）では、数年前から団地再生について検討してきた。一時は本格的に団地の建て替えができないかとの議論もあったが、交通条件や都市計画等の法的条件、住民の合意形成等の問題から、管理組合は建て替えは困難であると結論づけていた。

そのようななか、2014年に横浜市の「団地再生支援モデル事業」に管理組合が手を挙げ、「花と緑の左近山アクションプラン」を作成した。このアクションプランでは、「外部空間の整備」と「空き家の利活用」の二つを柱に管理組合が主体となって団地再生を行うことが掲げられている。

アクションプランを作成した翌年には、外部空間整備の第1期として、地区内の集会所前に位置する広場整備に関する公開コンペが実施され、専門家と住民による審査により設計者が選定された。2016年度には、コンペで提案された設計案をベースに住民ワークショップを重ねて設計を確定し、2017年6月に広場が完成している。

写真14　左近山団地中央地区の全景（出典：国土地理院データを元に作成）

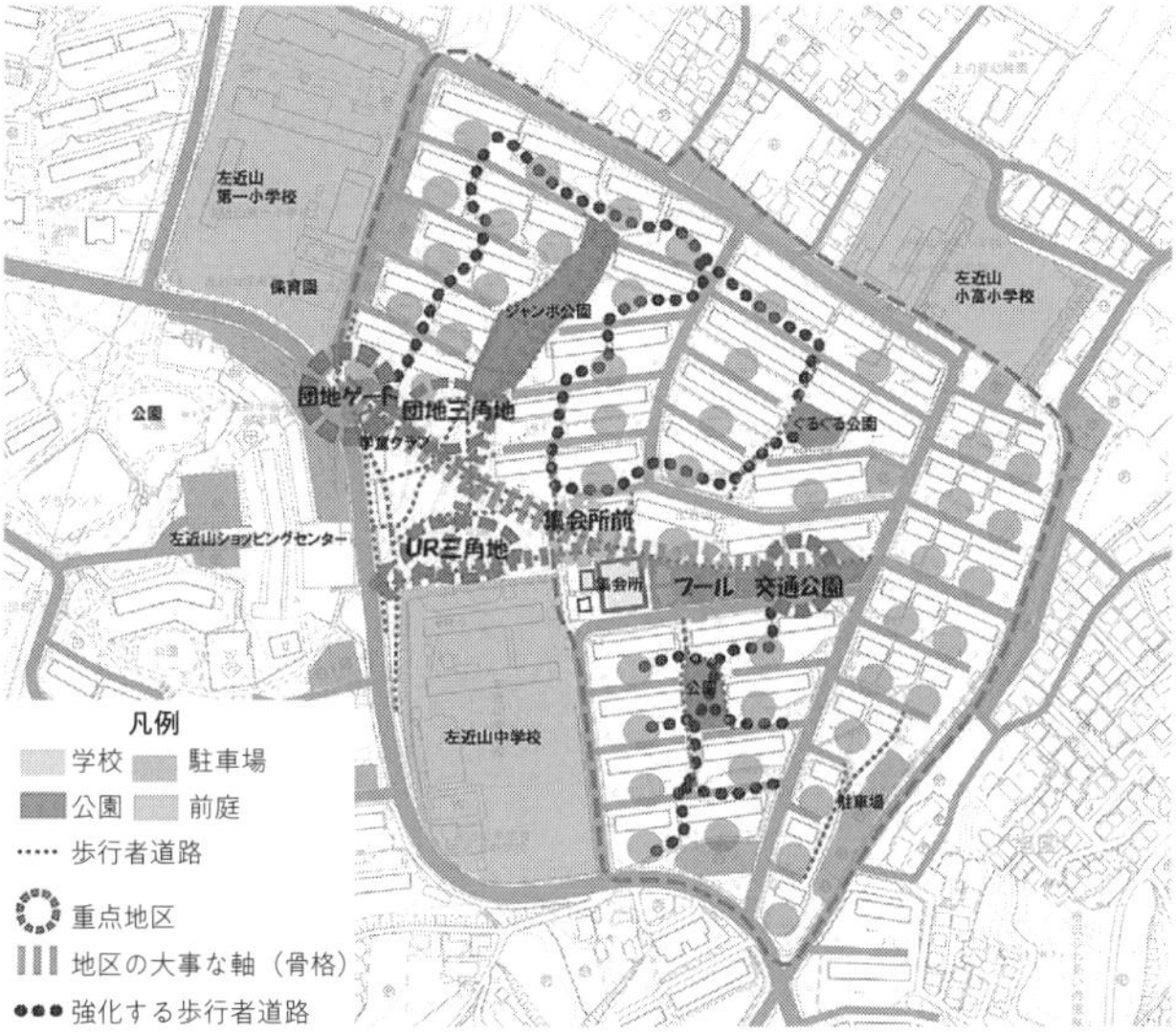

図11　環境整備のマスタープラン（出典：「花と緑の左近山アクションプラン」）

中央地区では、建物の老朽化や住民の高齢化とともに、現在入居している家族やこれから移り住んでくる子育て世代、高齢者といった多様な世代がここで暮らす喜びを感じられる環境をいかにつくるかという点も大きな課題となっていた。それらの課題を、新しく整備し直す広場を通じたプレイスメイキング的なプロセス・デザインによって解決し、団地の中に豊かな環境を生みだしている点がこのプロジェクトの大きな特徴である。

2 プレイスメイキングのプロセス

Phase 1-4 取り組みの準備

プロジェクトの動機は、前述した通り、広場を中心とした団地の再生を行うことで高齢者や子育て世代が豊かな暮らしをもう一度この場所に取り戻すことであった。その実現に向けて、まずは団地の潜在力を発掘し、それを活かしたコンセプトが設定された。

コンペによって選出されたランドスケープデザイン事務所スタジオゲンクマガイ（以下、設計者）は、コンペの提案に向けた現地調査で豊かな緑がこの団地の大きな資産であることに気づいた。左近山団地は同年代に建設された他の団地と比べて特に緑量が多く、自然の豊かな団地であったことから、この豊かな自然的環境こそが地区の最大の「価値」であると考えた。この自然的環境を活

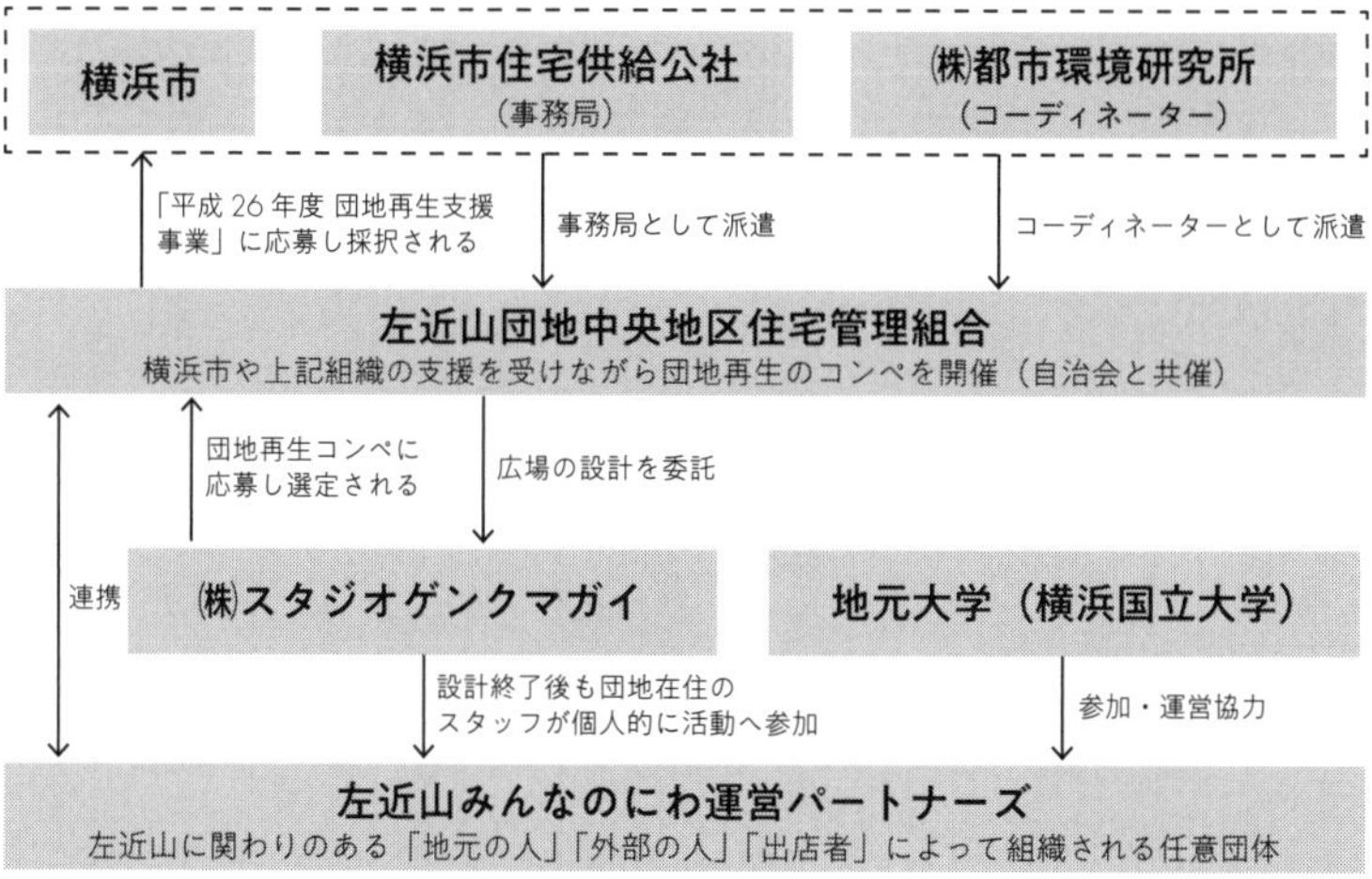

図12　左近山みんなのにわの運営体制

かし、「団地の中に広場がある」のではなく、「大きな公園の中に住んでいる」という環境に転換することで、外部空間を住民が積極的に使えるようにすれば、豊かな自然的環境をより享受できるのではないかという仮説を立てた。この「団地をまるごと公園化しよう！」というコンセプトのもとに立案した提案がコンペで最優秀賞に選出され、プロジェクトが本格的に始動することとなる。

　このプロジェクトの主体は団地の管理組合である。管理組合の目指す取り組みに対し、地元行政の横浜市および横浜市住宅供給公社は「団地再生支援モデル事業」や「マンション・団地再生コーディネーター派遣事業」といった制度で支援している（アクションプランの作成段階まで）。その際にコーディネーターとして法制度の確認やアクションプラン作成をサポートしたのが、都市計画コンサルタントの株式会社都市環境研究所

（以下、コンサル）である。ここにコンペで選定された設計者が加わり、プロジェクトが推進されてきた。広場完成後の運営段階では、地元の横浜国立大学の研究室もサポートチームに加わり、広場を活用する取り組みが継続的に行われている（図12）。

プロジェクト・チームの組成にあたって特筆すべきは、設計者を選定するコンペを管理組合が自ら主催して実施したという点である。この事業は設計費・工事費ともに管理組合が積み立ててきた団地建て替えのための大規模修繕費を原資としており、広場の面積（約２６００㎡）に対して十分な予算とは言えない状況でも、よりよい設計者と提案を選ぼうという意思を持って実施されている。そして、日本では珍しい管理組合主催による広場のデザイン・コンペが実現できた要因として、行政やコンサルの専門的な支援があったことも実現を大きく後押ししている。

Phase 5-7 試行して計画を練る

このようなプロジェクト・チームによって、設計者の提案について具体的な検討が進められた。検討にあたっては、設計者が段階ごとにさまざまな主体と連携を試みている。特に、この取り組みが団地（コミュニティ）の再生を目的にしていることから、発注者である管理組合はもちろんのこと、地域住民や学校、自治会、周辺街区との連携を重視し、広場を整備するプロセスの中でこの広場が管理組合のものではなく、「自分たちのもの」だという意識を持ってもらい、その後の運営管理に積極的に関与してもらうことに配慮している。

検討を進めるなかで、2回の住民ワークショップを行い、広場でどのようなことがしたいかを思いつく限り出してもらい、その内容を地区の夏祭りの場で発表してより多くの人から意見を収集している（写真15）。計画段階では、検討開始から着工までの期間が短かったこともあり、試行は行われていないが、施工段階には、ものづくりワークショップやピザ窯づくり、広場の芝張りやデッキ塗装ワークショップ等さまざまな参加型プログラムが組まれている（写真16）。こうした施工段階での参加型の取り組みが実現できたのは、昔から団地環境のメンテナンスを通して管理組合とつながりがあった施工会社の特別な協力があったからである。

写真15　計画段階のアイデア出しワークショップ
©スタジオゲンクマガイ

写真16　施工段階での芝張りワークショップ
©スタジオゲンクマガイ

計画段階でのワークショップや意見収集はもちろん重要であるが、このように広場ができあがっていく工程の中で実際に住民や関係者が参加できる機会を設けることは、その

写真17　元プールのウッドデッキ＆ステージ（上）、ヨガもできる芝生広場（下）　©スタジオゲンクマガイ

写真18　本格的なピザ窯（左）、電源・Wi-Fiを備えた東屋（右）
©スタジオゲンクマガイ

写真19　多様な形状のベンチ（左）、各所に設けられた電源（右）
©スタジオゲンクマガイ

場所への愛着を醸成する効果も高く、プレイスメイキングのプロセスにも取り入れられている。

　今回リニューアルする広場には、もともとコンクリート造の交通公園の跡地や夏場に水を張ってプールになるスペースがあったが、設備が劣化し訪れる人もなかった。しかし広場は、北に小学校、南に中学校がある中央地区の中心に立地し、団地内外の移動の主動線（歩行者通路）にも面していることから、多くの人が立ち寄りやすいという特徴があった（図11）。

　このような周辺環境を踏まえ、小学生の通学路にもなる北側の歩行者通路や隣接する住棟との関係に配慮して広場との段差を解消したり、南北に横断しやすいプランにするといった計画上の配慮がなされている。プールだったスペースにはその窪んだ形状を残してウッドデッキとステージが設けられ、傾斜地は新たに芝生を張って芝生広場にする等、既存の敷地形状を活かしたランドスケープデザイナーならではの設計がされている（写真17）。

また、広場全体で約2600㎡と決して大きくはない空間であるが、本格的なレンガ造のピザ窯やソーラーパネルで発電した電源とWi-Fiを備えた東屋（写真18）、多様な形状で遊び心をくすぐるベンチやイベント用の電源設備（写真19）、子どもたちが集まってカードゲームや宿題ができる大きなテーブルや高齢者のための健康器具等が散りばめられ、多様なアクティビティが生まれる工夫が凝らされている。

人のアクティビティを誘発するためには、空間の規模や形状といった大きなデザインはもとより、このようなきめ細かい設備やストリート・ファニチャーといった小さなデザインも非常に重要である。イベントに対応できるフラットでインフラの仕込まれた空間と、日常的に人が佇んでも心地よく感じられるヒューマンスケールに分節された空間のバランス等、アクティビティ・ファーストの理念で設計されたこの広場では、日常／非日常を問わず豊かなシーンを生みだせる空間になっている。

Phase 8-10　価値を定着させる

完成後の広場では、現在もさまざまな利用が生まれている。活動の主体は団地の住民がつくる

写真20　デッキ空間を活かした野点（上）、クラフトイベント（下）　©スタジオゲンクマガイ

写真21　設計担当者（右から2人目）は完成した広場で結婚式を挙げた　©スタジオゲンクマガイ

サークルから個人までさまざまである（写真20）。広場の利用申し込みは管理組合で対応しているが、それとは別に「左近山みんなのにわ運営パートナーズ」（以下、パートナーズ）という任意組織のサポートチームが立ち上がった。パートナーズには広場の設計者や地元の横浜国立大学の研究室、コンサルの担当者や住民の協力者等、20名弱のメンバーが所属し、広場の運営や利用者・コンテンツホルダー等の仲間づくり、マルシェの際に必要な保健所の許可申請支援等も行っている。また、広場のルールに関しても、現地に禁止看板を立てないような配慮をし、広場のマナーブックを作成する等、利用者の秩序によって安心して広場を利用できる環境を保てるよう取り組んでいる。

このような空間と運営の両面からのさまざまなデザイン的工夫によって、左近山みんなのにわは団地の住民たちの豊かな暮らしの風景を体現する空間となっている。ちなみに、設計者として関わったランドスケープデザイン事務所の担当者2名は完成後に左近山団地に移住し、現在は団地住民としてこの広場に関わっている（写真21）。

3 プレイスメイキングの体系

最後に、左近山みんなのにわプロジェクトをプレイスメイキングのプロセス・デザインのフェーズに沿って整理する。

Phase 1 「なぜやるか」を共有する

広場の再整備によって自然環境を活かした豊かな暮らしを再生する

Phase 2 地区の潜在力を発掘する

緑豊かな自然環境と潜在的な可能性を持つ立地にある広場空間

Phase 3 成功への仮説を立てる

広場を軸に団地をまるごと公園化することで、豊かな環境を再認識する

Phase 4 プロジェクト・チームをつくる

行政とコンサルの支援のもと、管理組合主催のコンペで設計者を選定する

Phase 5 段階的に試行する

Phase 6 試行の結果を検証する

Phase 7 空間と運営をデザインする

計画段階での2回のワークショップと施工段階での多様な参加型ワークショップを開催する

地形を活かした空間とアクティビティを誘発する設備をデザインする

Phase 8 常態化のためのしくみをつくる

多様な関係者を含めたサポート組織を組成し広場を運営する

Phase 9 長期的なビジョン・計画に位置づける

（作成は初期だが）アクションプランを作成し重点事業を位置づける

Phase 10 取り組みを検証し、改善する

サポートチームが広場の運営を担い、課題を改善する

DATA

所在地	大阪府大阪市
市　域	約225㎢
人　口	約273万人
タイプ	大都市の中心市街地
主　導	地元協議会、ビルオーナー、テナント、NPO法人（専門家含む）
実施年	2007年～

→

2010年

CASE 4 北浜テラス

水辺の価値を民間主導で顕在化する

かつて水の都と呼ばれた大阪市の中心部に位置する北浜地区。大阪証券取引所のコンピュータ化で立会場は閉鎖され、周辺にあった証券会社も撤退するなど空洞化した街を、民間のアイデアと事業で水辺の魅力を顕在化させることで再生を実現している。

2007年 ©泉英明

1 背景：証券取引所のコンピュータ化で空洞化した街の再生

大阪の街は「浪華八百八橋《なにわはっぴゃくやばし》」と呼ばれ、水の都として栄えてきた歴史を持つ。しかし、近代化の波の中で流通の主役は舟運から自動車に変わり、多くの川が埋め立てられ道路へと変わった。埋め立てられずに残された川も、川沿いの建物が道路に正面をとり川に背を向けたことによって見捨てられ、人々の川のイメージも「臭い」「汚い」「危険」というネガティブなものになっていった。

今回取り上げる北浜地区も数年前までは同じような状況にあった。北浜は大阪の中心部である船場の最も北にある浜（水辺）を意味しており、江戸時代から金融の中心地として栄え、舟運も活発で川沿いには料理旅館が軒を連ねる大阪を代表する水辺のエリアであった。

現代においても大阪証券取引所がある金融街として栄えていたが、証券取引所がコンピュータ化されて立会場は閉鎖され、周辺にあった証券会社も撤退するなど、全国的に長く続いた不景気の影響もあって地区の価値は下落する一方であった。地区の北側を流れる土佐堀川に面して沿道のビルのエアコンの室外機が並び、対岸の中之島中央公会堂をはじめとする近代建築群や中之島公園のバラ園等、魅力的な街の要素を活かしきれていなかった。

2　プレイスメイキングのプロセス

Phase 1-4　取り組みの準備

水辺の街のポテンシャルを発見し、再生する活動をしていた三つの組織（NPO法人水辺のまち再生プロジェクト、NPO法人もうひとつの旅クラブ、大阪まちプロデュース（OMP）川床研究会）はそれぞれで「川床《かわゆか》」の構想を練っていた。川床とは京都・鴨川の納涼床に代表されるような、川沿いの店舗から川に向かって床を張り出し客席として活用するものである。

プレイスメイキングのザ・パワー・オブ10の考え方と同様に大阪市内のさまざまな水辺空間を歩きながら活用の可能性のある空間を探っていた各組織のメンバーは、川の両岸の環境が共に潜在力を持っている北浜地区を発見し、水辺の活用シーンとして描いた仮説が「川床」であった。

一方で、土佐堀川に面するビルを所有していた複数のビルオーナーも水辺の魅力を認識し、川を活かしてビルや地区の価値を高めたいという想いを持っていたものの、その具体的な実現策が見いだせずにいた。

この両者が2007年に出会い、約50あった沿道ビルのうち3軒のビルオーナーとテナントが「川床」のアイデアに同意し、プロジェクト・チームが構築されたことで、「北浜テラス」の構想が

写真22　社会実験に向けた川床の施工　©泉英明

実現に向けて動きだした。

テラスを架ける空間は河川敷地であったため、民間店舗は占用主体になれないことから、大阪府、大阪市、経済界が一丸となって取り組む「水都大阪」プロジェクトの推進主体であり半公的性格を持つ水都大阪２００９実行委員会事務局の協力を得て、河川管理者との協議を重ねながら、２００８年10月に1カ月間限定の社会実験を実施することに成功する（写真22）。この社会実験の川床は大人気を博し、地元や関係者以外の支援者も現れ、常設化への機運が高まった。

Phase 5-7　試行して計画を練る

その後、２００９年5月から2カ月間、二度目の社会実験を行い、法制度上の解釈や物理的な川床の構造およびデザインのチェック、事業性（川床を設置したことによる飲食店舗の収益増加の有無等）といった課題を検証した。その結果も良好であったことから、同年8月からは水都大阪

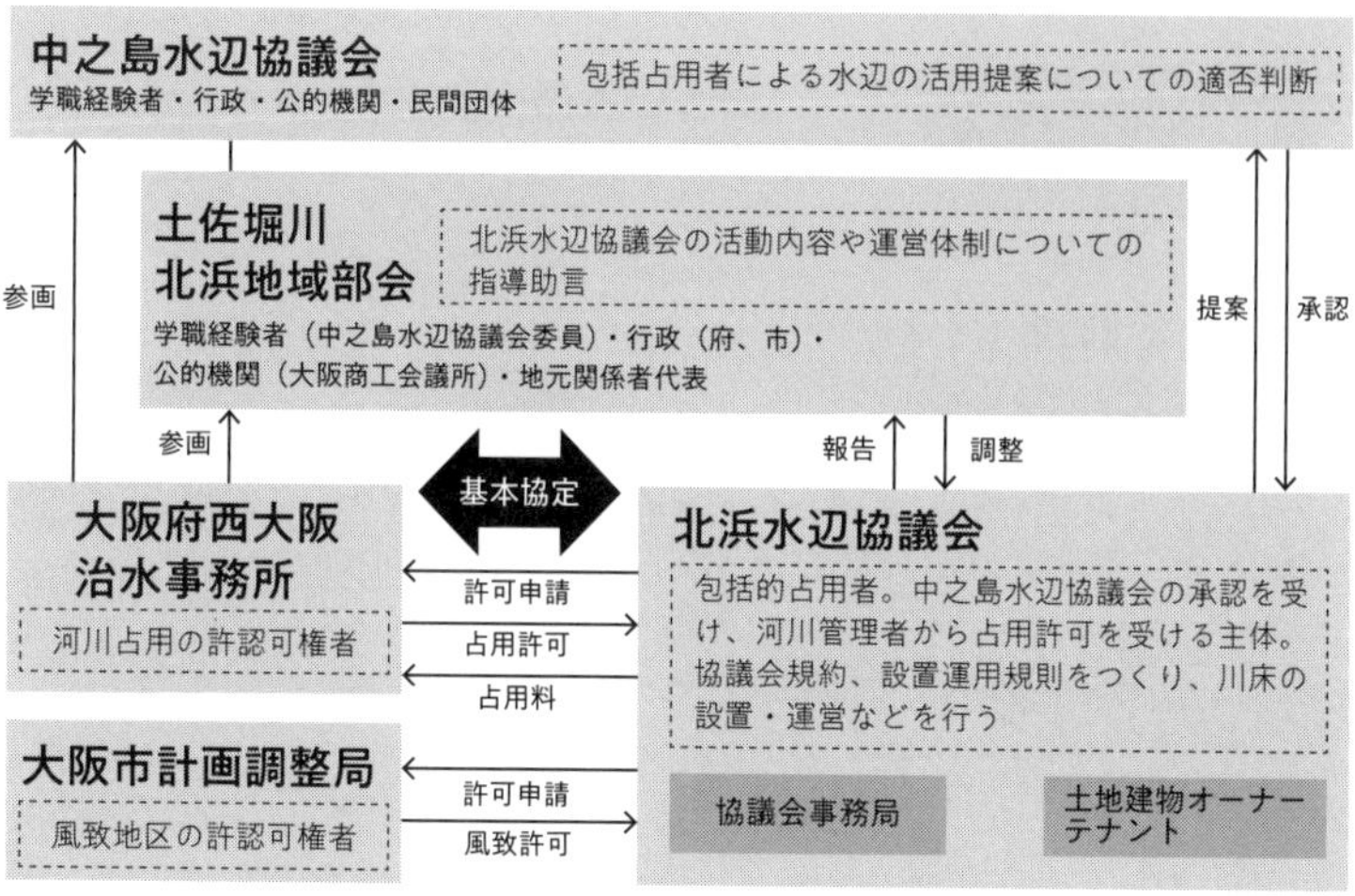

図13　北浜テラス開始時の運営体制（出典：泉英明他編著『都市を変える水辺アクション』）

２００９実行委員会が公的機関としての占用許可を受け、覚書を交わした川床の事業者（ビルオーナーやテナント店舗）が川床を設置した。

水都大阪２００９の期間が終了する２００９年11月に占用主体が切り替わり、地元協議会としての北浜水辺協議会（２００９年7月に設立）が河川管理者から直接占用許可を取得し常設化を実現させた（図13）。北浜水辺協議会はすべてのテラスの包括占用主体となり、河川管理者である大阪府との基本協定をはじめ、協議会規約や設置運用規則などの独自ルールを定め、地元調整や公共性の確保、テラスのデザインや構造のプロトタイプづくり、安全性の確保、占用料の一括納付等、多岐にわたる役割を担っている。

協議会の構成員は土佐堀川に面するビルオーナーやテナント、地域の自治会や専門的な職能を持つＮＰＯ、北浜テラスのファン等から構成され、

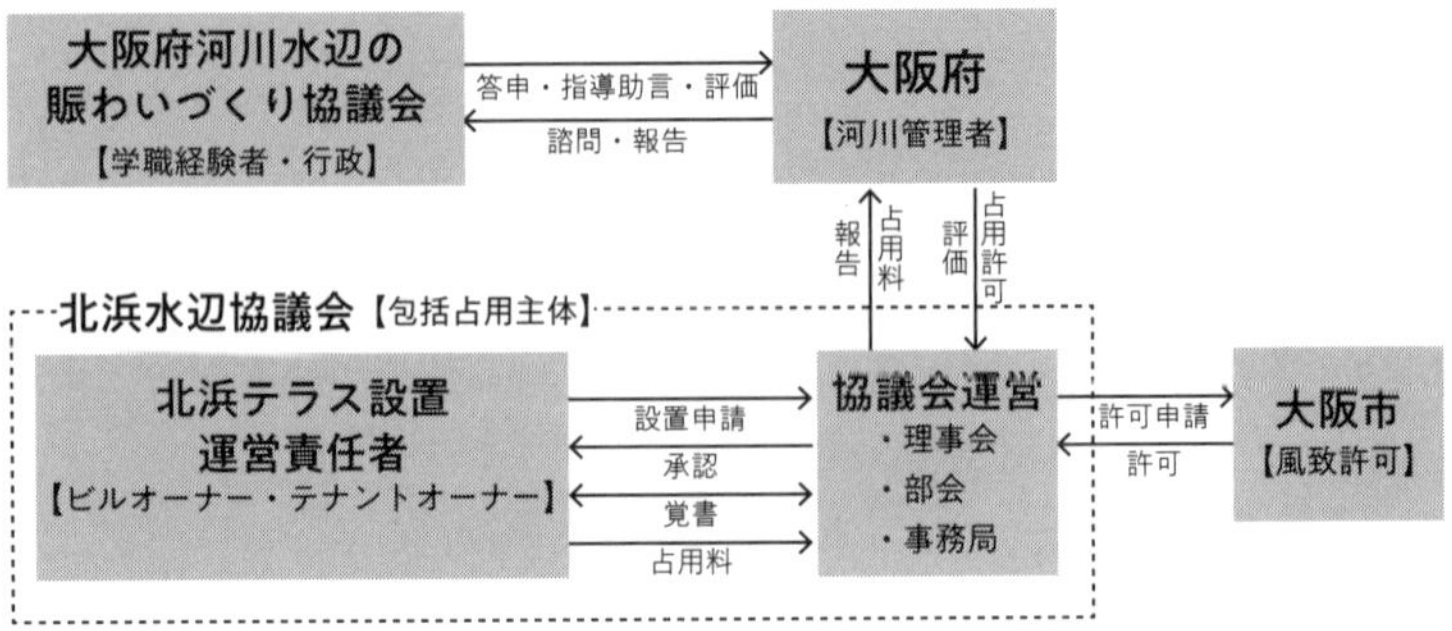

図14　現在の北浜テラスの運営体制（出典：泉英明他編著『都市を変える水辺アクション』）

定例総会、毎月開催の理事会、新たなテラス設置の支援やデザイン調整、随時実施するイベントや懇親会等の活動を行っている。

河川管理者である大阪府は、河川敷地占用許可準則の改正（２００９年１月）時に占用対象として川床を新たに追加する国との協議や、河川区域占用料の府条例化（２００９年３月）、常設許認可のしくみづくり等の重要な役割を果たした。しかし、２００９年当時、任意の地域団体が包括占用主体となっている前例が国内になく、本当にその主体としてふさわしいかという議論は難航した。最終決定する学識経験者、周辺地権者、行政からなる会議では時間をかけて何度も議論されたが、最終的には区域の包括的占用者として認められ、２００９年11月より規制緩和の許認可スキームに移行した。その後、２０１１年３月に河川敷地占用許可準則が改正され、２０１２年３月に都市・地域再生等利用区域が北浜エリアに指定されたことから、現在のスキームに移行している（図14）。

Phase 8-10 価値を定着させる

北浜テラスでは、川床のデザインについても詳細なルールを設け、質の高い空間づくりを行っている。北浜テラスの川床は既存建物と構造を切り離し、屋根を設置しないことで建築基準法の適用を受けない工作物と判断されている。仮に建築の場合、建築基準法では川床の手すりを1100㎜の高さで設けなくてはならないが、この高さでは座った時に目の高さに手すりがきて、視界を遮る。北浜側のテラスから対岸の中之島の美しい景観を眺められることがこのプロジェクトで絶対に譲れないものであったことから、手すりの高さを750㎜とするデザイン・ルールをつくった上で、各店舗が安全性を担保することで当初の目的を実現した。

さらに、手すりの3面には壁を設けないことや、川床の固定方法と構造、床の高さ等は厳密な規定があり、オーニング（日よけ）や照明についてもそのデザインのチェックを事前に受ける必要がある。これらのルールは、事業者が川床を新設または改修する際に北浜水辺協議会内のデザイン部会が審査して適用されている。こうした詳細な空間デザインの運用ルールを設けることで、水辺の価値を最大限活かせる質の高い空間が担保されている。

次に、北浜テラスの運営費の流れについて整理する（図15）。川床はビルオーナーが設置費用を自己負担して設置し、河川占用料とともに川床会費を北浜水辺協議会に支払う。河川敷地という公共空間を使用するため、公共性を担保するという意図から不特定多数の人が利用できる飲食店等の

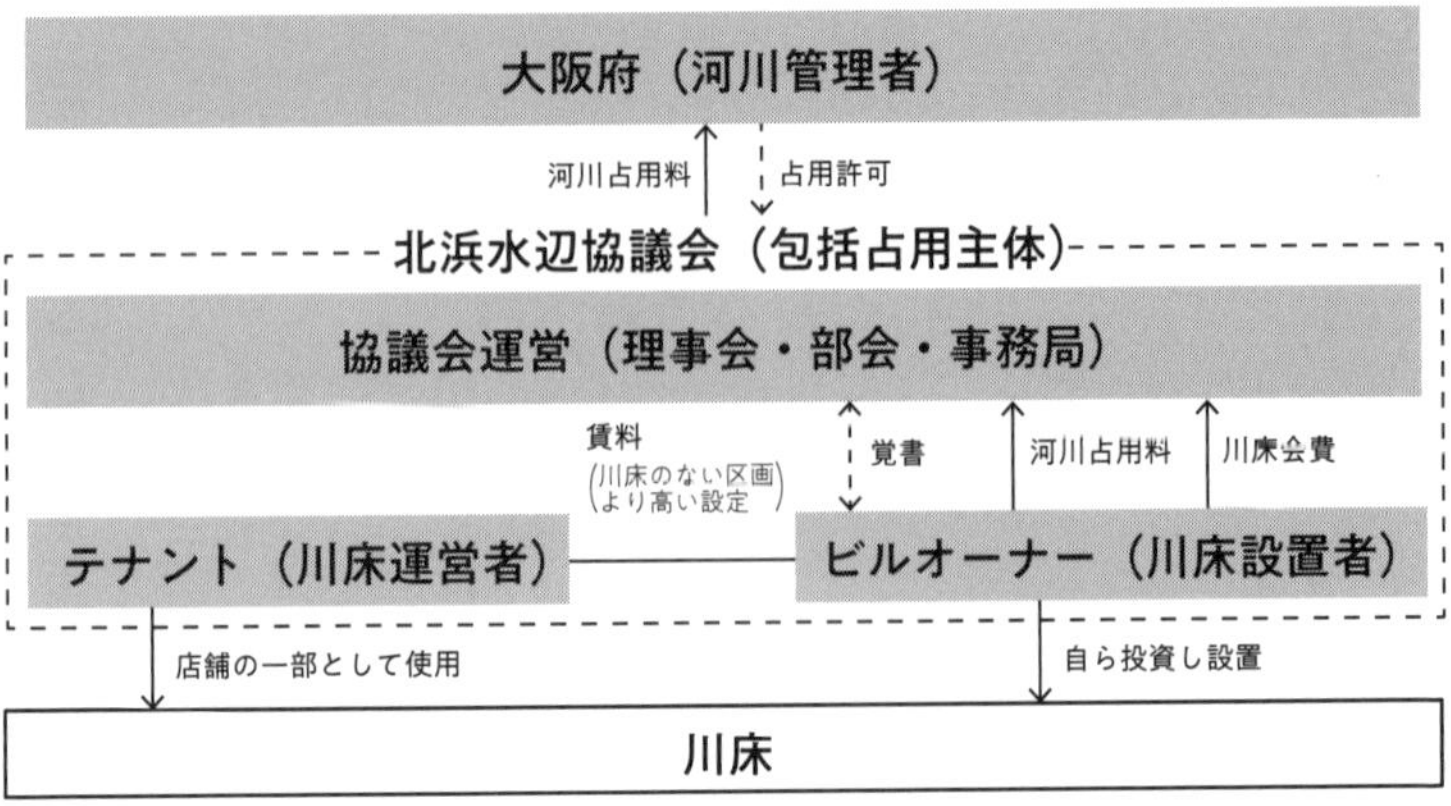

図15　北浜テラスの運営費の流れ

用途に利用するという前提でテラスを設置することができる。そのため、オフィスビルが自社の専用空間として川床を設置することはできない。川沿いのビルへ入居するテナントはテラスがあることで圧倒的に来店者が増えることがインセンティブとなり、家賃を通常より高く設定できることから、ビルオーナーはその収益分でテラスの投資を回収することができる。

積極的な民間投資が起こるように川床のデザインや運営のルールをつくり、川からの景観やテラスの心地よさと安全性を両立する質の高い空間づくりを実現させてきたことが北浜テラスの大きな成果である。

このような経緯としくみで常設化された北浜テラスは、新たな水辺の風物詩として、各種メディアに掲載され、国内外から多くの人が目的地として来街する場所になった。北浜地区はオフィスが多く立地しているため、週末や休日は休業する店舗が多かった。しかし、現在は週末や休日も営業する店舗も増え、対岸の中之島公園と

写真23　賑わう北浜テラスの店舗　©北浜水辺協議会

写真24　川床を設置した護岸に新設された船寄場

一体でそぞろ歩きできるエリアになっている（写真23）。

北浜テラスの設置によって、質の高い店舗の新規参入が増加し、川沿いの物件のリノベーションや建て替えが進む等、北浜地区のエリア価値は確実に高まっている。そして、２０１８年には川床を設置している護岸に船寄場とイルミネーションが設置され（写真24）、今後、利用ルールが整備された後に船から直接店舗にアクセスすることができる予定である。北浜テラスは活動のスタートから10年以上経った現在も、着実に進化を遂げ、水辺エリアの魅力をより一層強化している。

水辺の見捨てられた河川敷地という公共空間の潜在力を発見し、その価値を顕在化する川床を民間、地元主導の公民連携の形で段階的に整備、運営してきた北浜テラスの取り組みは、まさにプレイスメイキングの方法論を体現する優れた事例である。

3　プレイスメイキングの体系

最後に、北浜テラス・プロジェクトをプレイスメイキングのプロセス・デザインのフェーズに沿って整理する。

Phase 1	**「なぜやるか」を共有する**
	身近な水辺空間を楽しむという個人的な思いから出発し、最終的にかつて水の都と呼ばれた大阪の水辺の魅力を再生する
Phase 2	**地区の潜在力を発掘する**
	対岸に素晴らしい景観が残る北浜地区のビル群と河川敷地
Phase 3	**成功への仮説を立てる**
	川沿いの店舗に川床を設置することで水辺の魅力を再認識する
Phase 4	**プロジェクト・チームをつくる**
	専門家も含んだNPOと志を持ったビルオーナー、テナント、理解ある河川管理者
Phase 5	**段階的に試行する**
	1カ月、2カ月の短期社会実験を複数回実施する
Phase 6	**試行の結果を検証する**
	社会実験を通して、許認可の考え方や川床の構造・デザインを検討する
Phase 7	**空間と運営をデザインする**
	安全性と景観に配慮した川床の統一デザインと運営費のしくみを構築する
Phase 8	**常態化のためのしくみをつくる**
	行政は制度を変更し、地元の協議会が責任を持って包括的な占用主体として運営する
Phase 9	**長期的なビジョン・計画に位置づける**
	水都大阪の取り組みとも連動し次のアクションに結びつける
Phase 10	**取り組みを検証し、改善する**
	協議会の定期的な理事会や総会で課題を洗いだし改善する

＊1　国土交通省都市局市街地整備課「平成24年度版区画整理年報」2012年
＊2　一般に「小規模」の面積的な定義はないものの、1999年の都市再生区画整理事業創設以来、補助が受けられる事業の下限面積が緩和されたこともあり、2007～2011年度の5年間における施行地区全340地区のうち218地区が地区面積10ha以下となっている（出典：前掲＊1）。
＊3　久保建「小規模区画整理推進におけるエリアマネジメントのあり方」区画整理フォーラム2008
＊4　2007～2011年度の5年間における施行地区全340地区の平均減歩率は37・13％。組合施行に限ると平均減歩率は43・37％（出典：前掲＊1）。
＊5　2007～2011年度の5年間における施行地区全340地区のうち、コンサルタントによる業務代行方式での施行地区は8地区のみ（出典：前掲＊1）。
＊6　NPO法人エリアマネジメント北鴻巣「北鴻巣すたいる」

4章

実践！プレイスメイキング—誰でも街にコミットできる現場

3章で紹介したように、国内でもプレイスメイキングの方法論で都市に豊かなシーンを生みだしてきた事例は多数存在している。4章では、筆者が実際に都市デザインの実務の中でこうした一連のプレイスメイキングの方法論を実践した事例を紹介する。

DATA

所在地	愛知県豊田市
市　域	約918㎢
人　口	約43万人
タイプ	地方都市の中心市街地
主　導	市、地元事業者、まちづくり会社、都市デザインコンサルタント
実施年	2015年～

→

2016年

PROJECT 1

あそべるとよたプロジェクト

「つかう」と「つくる」で駅前を再生する

世界のトヨタのお膝元である愛知県豊田市は、大胆にも2016～2027年度の12年間をかけて駅前空間を「車から人へ」とシフトチェンジする計画を掲げている。「つかう」と「つくる」の両輪で進めるこのプロジェクトの鍵となるのが、プレイスメイキングによるプロセス・デザインである。

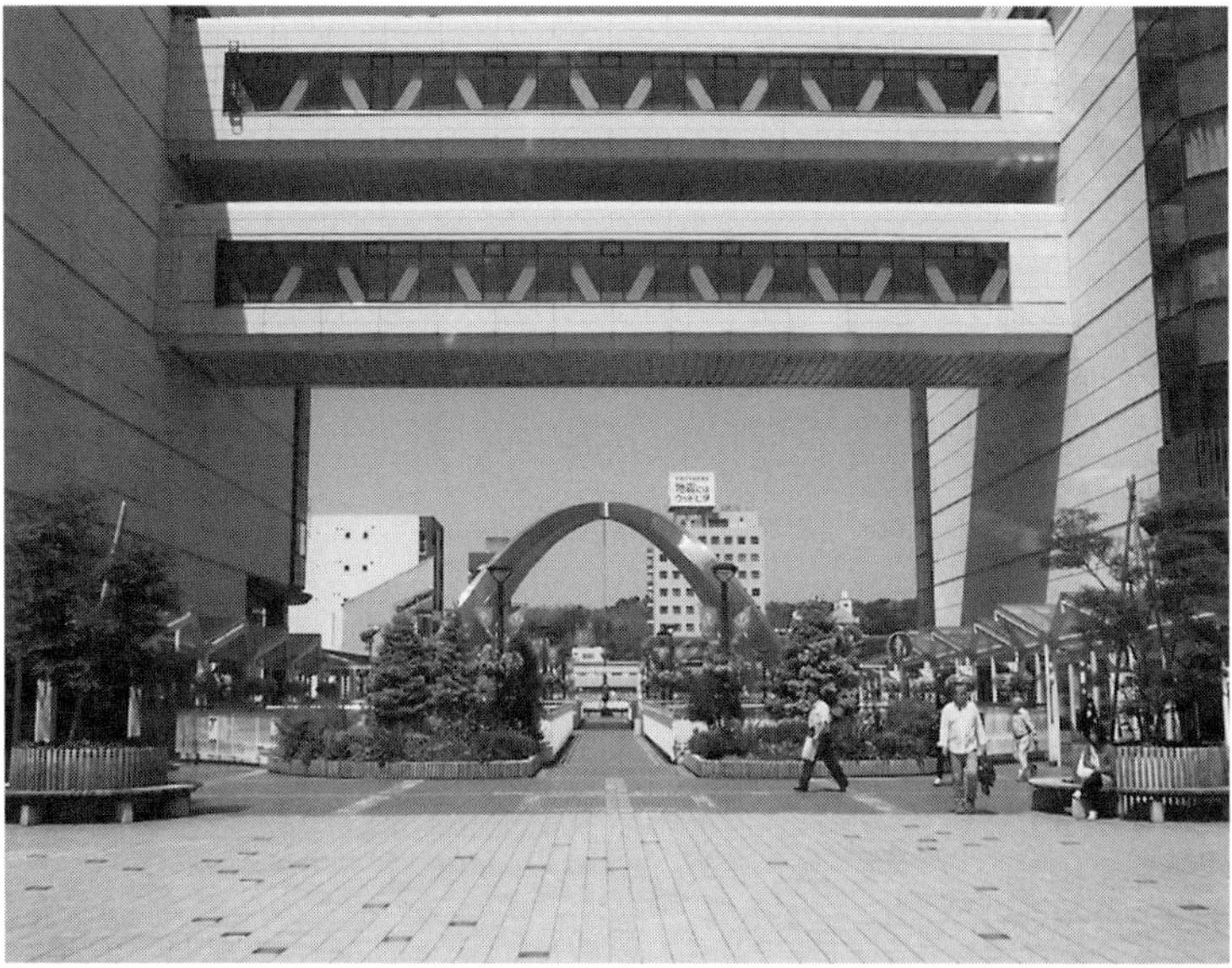

2015年

1 背景：世界的自動車メーカーの街で「車から人へ」

豊田市は名古屋市の東方に位置し、愛知県下最大の市域と県下2番目の人口約43万人を有する中核都市である。1937年にトヨタ自動車株式会社が本社と工場をこの地に移して以降、企業城下町として発展してきた。

豊田市では、市の中心市街地を指す「都心地区」の公共空間の総合的な整備と活用を示す「都心環境計画」を2016年3月に策定し、「つかう」と「つくる」の両面から都心地区の再構築を行っている。これは、都心地区にある名古屋鉄道・豊田市駅と愛知環状鉄道・新豊田駅という二つの駅の周辺を軸とした都市空間の再整備と活用を行い、選ばれる都市（都心）として、街の主役を「車から人へ」と転換するプロジェクトでもある。

都心環境計画は2016年度から2027年度までの12年間を計画期間とした長期的な計画であるが、その最大の特徴は、各種公共空間の事業を、活用＝「つかう」取り組みと、再整備＝「つくる」取り組みの両輪で進める点にある。

「つくる」取り組みでは、駅前交通広場や広場空間、鉄道2駅間に架かるペデストリアンデッキの架け替え（一部は耐震改修）等、大規模なハード整備が見込まれている。それらのハード整備が効果的なものとなるよう、計画の初期段階から既存の公共空間での活用実証実験等を通して地域運営の担い手を発掘・育成し、そうした担い手が運営しやすく、一般市民が利用しやすい空間とするための条件整理やしくみの構築を図る「つかう」取り組みを並行して進めている。「あそべるとよたプロジェクト」は、その「つかう」取り組みのメインとなるプロジェクトである。

2 プレイスメイキングのプロセス

Phase 0 業務として参画する

豊田市での取り組みは、2014年度末に豊田市が実施した業務委託のプロポーザルで有限会社ハートビートプラン(以下、HBP)がプレイスメイキングの方法論を含めた提案を行い、委託事業者として選定されたことから始まる。提案にあたって事前に街の基礎調査を行い、地元の空間的・人的資源の把握を行った上で戦略的なプロセス・デザインや段階的整備の提案を盛り込んでいたことが、都心環境計画(当時は計画策定前のビジョンの段階)で目指す内容と一致し評価された。

筆者はHBPの一員として、市からの委託を受けて地域に入り、公共空間活用の実践とそのしくみの構築を並行して行ってきた。

Phase 1 「なぜやるか」を共有する

2015年度の春からスタートした業務で最初に行ったのは、都心地区を中心に街のキーマンを関係者から100人リストアップしてもらい、1人1人と会って話を聞くことだった。その街の歴史や都市構造、産業の状態や空間的な資源といった情報は一般的な調査で把握することができるが、人的資源については現地に赴き、信頼できる関係者に丁寧にヒアリングを重ねることでしか把握することができない。

豊田市では、市の担当課職員はもとより、まちづくり会社のスタッフ、中心市街地活性化協議会の関係団体、美術館や図書館といった公共施設の担当者、民間イベントの主催者、地元のデザイナー、建築家、人気飲食店の事業者、トヨタ自動車をはじめとする地元企業等、官民問わずさまざまな人や企業、組織の方々にヒアリングを行った。

その中から、HBPが提案した取り組みに関心を示してくれた人々に複数回集まってもらい、企画への意見交換や街歩き、プレイスメイキングに関する講習会等を実施した。初動期に「なぜやるか」を丁寧に共有することが非常に重要で、時間がかかっても、結果的に後戻りを少なくする必要不可欠なステップなのである。

Phase 2 地区の潜在力を発掘する

図1　豊田市都心地区のザ・パワー・オブ10（出典：国土地理院データを元に作成）

このような準備期間を経て、ヒアリングの中で今後の取り組みの核になると感じられたメンバーに協力を仰ぎ、〈Method 2 ザ・パワー・オブ10〉を探る街歩きを開催した。街歩きは都心地区の軸となる通りや個性のあるエリアを中心に行い、参加したメンバーから随時地元の情報を提供してもらいながら潜在的な魅力を持つ場所を探っていった。

街歩きによって挙げられた複数の公共空間について、空間の健康診断〈Method 1 チェック・シート〉を行い、より詳細な状況を把握し、都心地区のザ・パワー・オブ10を選定した（図1）。選定した10カ所は街の中心となる二つの駅と、そのロータリーから東に伸びるメインストリートに近い空間とした。その中には市が管理する道路や公園のほかに、民間企業が管理する広場的空間も含まれている。これらの既存の空間を「つかう」試行を行い、その効果測定の結果を踏まえて最終的な「つくる」ハード整備の計画を検討することとした。

Phase 3　成功への仮説を立てる

次のステップでは、これらの既存の空間を使いこなすことで街に関わる人々の潜在的な活用ニーズや利用者の関心の動向が把握できるという仮説のもと、街歩きに参加したメンバーを中心に、ザ・パワー・オブ10として選定した空間を使いこなすブレインストーミングを行った。どのように使いたいか、自由にアイデアを出しあってもらい、それを〈Method 3 ストーリー・シート〉に整理した上で、誰の案が最も魅力的か投票を行った。その上位になったアイデアを、5月末に開催される街の既存イベントと合わせて実施することにした。

この時最も票を集めたのは、まちづくり会社のスタッフが提案した「道路でゴロ寝読書祭り」というアイデアで（図2）、その他にビニール傘を使ったワークショップや大きなプロジェクト看板の設置等が上位に上がった。これらのアイデアを実現すべく、ブレスト大会以降はそれぞれのチームに分かれて仕事終わりや休日に自主的に集まって企画の詳細検討や備品の製作が行われた。

メンバーのそうした努力が実り、5月末のイベント当日にはストーリー・シートに描かれていた「道路でゴロ寝」というシーンを実現することができ（写真1）、提供したコンテンツも多くの利用者から好評をいただいた。道路を一時的に歩行者専用化すること自体は毎年のイベントの中で

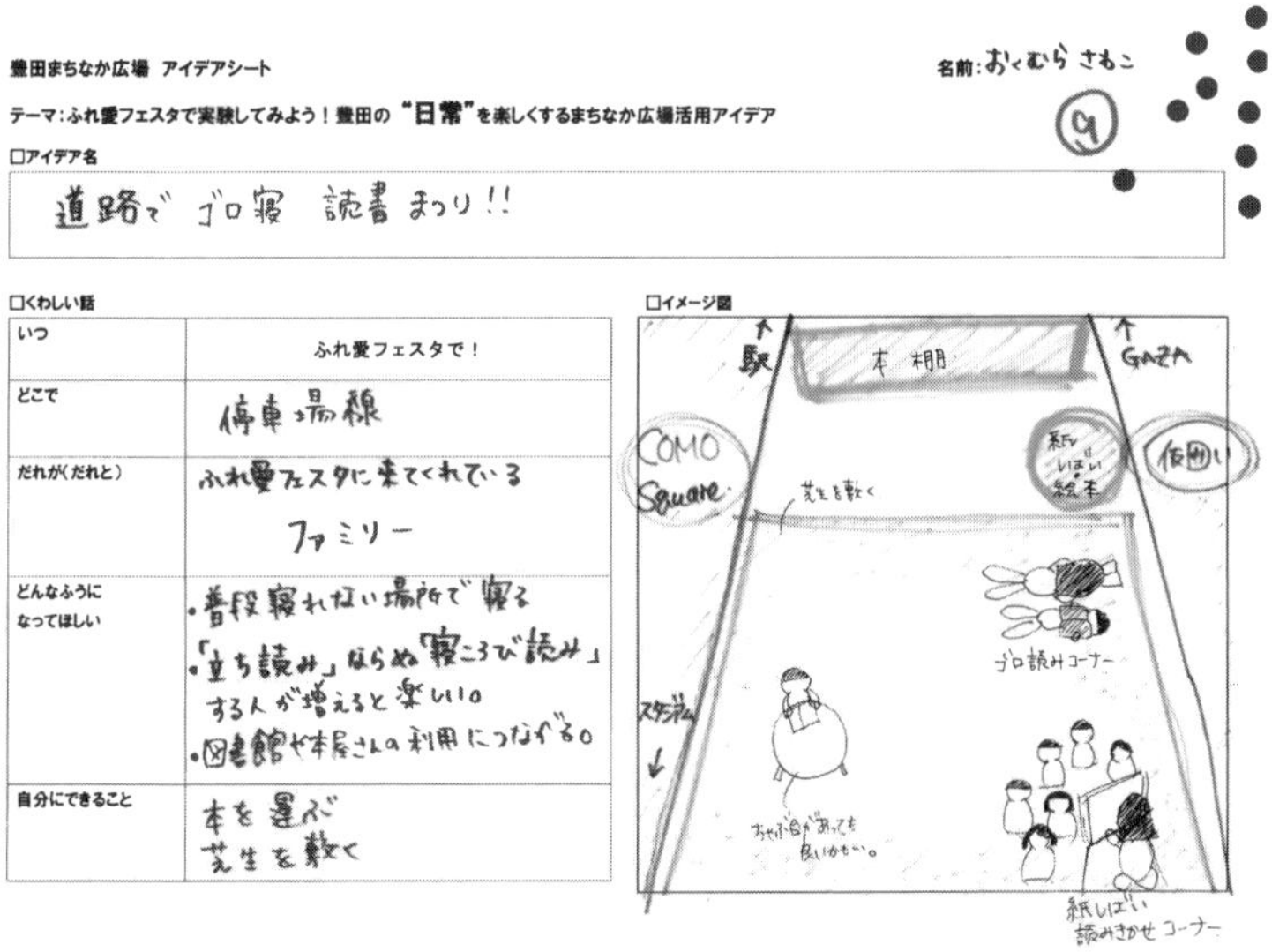
豊田まちなか広場 アイデアシート

名前：おくむら さもこ

⑨

テーマ：ふれ愛フェスタで実験してみよう！豊田の“日常”を楽しくするまちなか広場活用アイデア

□アイデア名

道路でゴロ寝 読書まつり!!

□くわしい話

いつ	ふれ愛フェスタで！
どこで	停車場線
だれが（だれと）	ふれ愛フェスタに来てくれている ファミリー
どんなふうになってほしい	・普段寝れない場所で寝る ・「立ち読み」ならぬ「寝ころび読み」する人が増えると楽しい。 ・図書館や本屋さんの利用につながる。
自分にできること	本を選ぶ 芝生を敷く

□イメージ図

図2　ブレスト大会で最多得票を集めたアイデア「道路でゴロ寝」

写真1　イベントで実現したアイデア「道路でゴロ寝」

実施されていたが、芝生化（豊田スタジアムの協力で人工芝をレンタル）や出店コンテンツの一部は今回のメンバーの企画によるものである。

この取り組みで大切だったのは、今後長期にわたって実践していくプレイスメイキングの取り組みの核となるメンバーのつながりを築くことと、本当に自分のアイデアで街は変えられるのだ、という実感を持ってもらうことであった。

ＨＢＰは、このイベントでの成功体験を踏まえ、次のステップとしてザ・パワー・オブ10で選定したすべての空間（活用の際に道路占用許可、道路使用許可を得ることが困難である「コモスクエア北側歩道」は実験の対象外とした）でこのような使いこなしの実験を展開することを提案した。今回参加したメンバーが実感した楽しさを、より多くの街の人に感じてもらい、それぞれの空間の特性や活用上の課題等を洗いだすことが目的であった。

しかし、その実現には大きなハードルがあった。今回選定した公共空間はいずれも潜在力を秘めた空間ではあるものの、管理主体が異なることから独自の管理ルールが設けられていた（写真2）。新豊田駅東口駅前広場（以下、駅前広場）や豊田市駅西口デッキ下（以下、デッキ下）、ペデストリアンデッキ広場（以下、デッキ広場）、喜多町3丁目ポケットパークや桜城址公園といった空間はいずれも市の所有する空間であるが、管理は三つの課にまたがっていた。また、シティプラザやギャザ南広場、参合館前広場やコモスクエア・イベント広場といった民間企業が所有する空間についても、それぞれ管理する会社が異なっており、これらの管理者と協議・調整を行う必要があった。

写真2　活用の対象とした公共空間と管理者の一覧

Phase 4 プロジェクト・チームをつくる

これらの所有、管理、ルール、特性の異なる公共空間を一体的に使いこなすための検討がスタートした。企画の実現にあたり、HBPは全国まちなか広場研究会理事の山下裕子氏、緑地計画が専門である大阪府立大学准教授の武田重昭氏、そして地元のまちづくり会社である豊田まちづくり株式会社、地元のデザイン事務所である株式会社こいけやクリエイトと連携（業務の再委託契約を締結）し、プロジェクト推進チームを組成した。

まず、プロジェクト推進チームは、この取り組みを広く認知してもらうためにプロジェクト名の検討を行い、「あそべるとよたプロジェクト」（以下、あそべるPJ）という名称に決定した。豊田の街では行政主導のイベントが多く、住民や企画者も「お客さま」になりがちであった。それを、街に暮らす人々が自らの自由と責任で街を使いこなし、本気で遊べる街にしていきたいという思いから、この名前が選ばれた。黄色を基調とした可愛らしいロゴは、サポートメンバーであるこいけやクリエイトの西村新氏のデザインである。

次に、プロジェクト推進チームは活用の対象となる広場の管理者を1件ずつ訪問し、取り組みの趣旨を丁寧に伝え、一定期間の実験に協力してもらえるよう協議していった。この際、単に広場空間を貸してほしいとお願いをするのではなく、最初に管理者が抱えている課題や悩みを聞いた上で、このプロジェクトを通してその課題を解決するきっかけが掴めないかを考えた。

プレイスメイキングの取り組みでは、プロジェクト・チームの目的を達成するための協力者を募るのではなく、その取り組みに協力してくれる人や組織にとってもメリットがある形で活動をデザインしていく。一方的に協力してもらうと、その許可を与える側と受ける側という関係になってしまうが、お互いに利害が一致する枠組みで活動を組み立てることで、目的は違っても共にゴールを共有するパートナーとしての関係が築けるのである。

このように丁寧なヒアリングと協議を重ねながら〈Method 4 ステークホルダー・マップ〉を作成し、実現に向けた道筋を組み立てていった。その際にポイントとなったのは、公共空間の貸し出しルール、貸出金額、使用可能設備であった。これらは当然すべての公共空間で異なっており、それを統一するのは簡単なことではない。そこで、実際に活用してくれるであろう地元の事業者や市民活動団体等に〈Method 5 サウンディング〉を実施し、利用したい設備や料金、申し込み手続き等に関するヒアリングを行い、どのような条件であれば利用しやすいかを確認した。それを踏まえた運用ルールの素案を作成して再度管理者と協議をするなかで、実施期間を1カ月とし、その期間のみ使用申し込みの窓口を一元化し、すべての公共空間の使用料金を統一、設備や利用条件は基本的に現状の各公共空間のものを適用する、という形で合意を得るに至った。

こうした条件に基づいて1カ月間、公共空間を運営する管理者中心の組織として「あそべるとよたプロジェクト推進協議会準備会」（以下、準備会）を立ち上げ、あそべるＰＪにおけるプロジェクト・チームとして位置づけた（図3）。結果的にここから複数年にわたって断続的に活用の実験

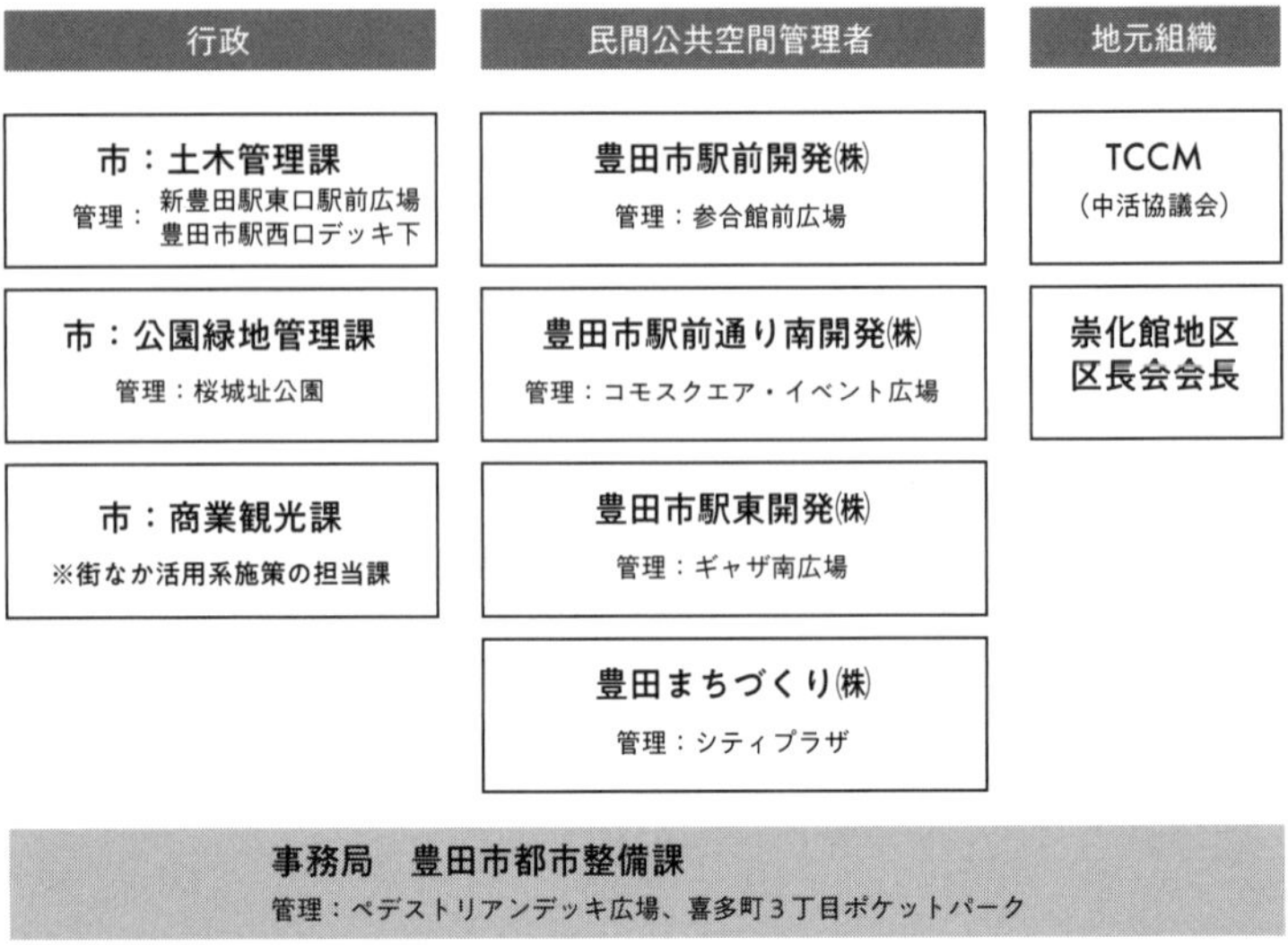

図3　九つの公共空間の全管理者＋地元組織で構成した、あそべるとよたプロジェクト推進協議会準備会

は継続されることとなり、その都度、この準備会でしくみの改善や成果の共有、課題の洗いだしと改善案の検討を行いながら取り組みを行っている。

Phase 5　段階的に試行する

公共空間を活用したいと考えるコンテンツホルダーや一般利用者からすれば、管理者や公物管理法の区分による規制の違いや使用申込・料金設定等のルールがわかりづらいことが、活用のハードルとなっていた。そのため、あそべるＰＪでは9カ所の公共空間の使用受付窓口・手続き・使用料金を時限的に統一する実証実験のしくみを構築し、２０１５年10月の約1カ月間を活用促進期間と設定し、広く市民から活用プログラムを募り、実際に活用するなかで利用ルールや空間の特性、収益事業の成立可能性等を把握することとした。

プログラムの公募にあたっては、通常の広報やウェブでの発信に加え、HBPが市の担当者と市内のさまざまな市民活動団体やサークル、企業や組織等に広報営業を行い、多様なコンテンツが展開されるよう工夫した。

また、コンテンツの実施にあたっても、単なる賑やかしのイベントとして行うのではなく、都心環境計画やあそべるPJの理念をベースに取り組んでいる活動であることを理解してもらうために事前講座を開催し、その受講を活用プログラムの応募条件の一つとした。さらに、公共空間に店舗ブースや設備を設置する応募者には、プレイスメイキング講座を別途開催し、公共空間ごとの動線や空間特性を解説し、それらを踏まえて施設・設備を配置してもらうようにした（図4）。

こうした入念な事前準備の上で開催した「あそべるとよたDAYS 2015」では、合計で31の多様なプログラムが開催された。道路区域である駅前広場は、スケートボードやスラックライン（綱渡り）等のストリート・スポーツ・パークとして活用され、日頃公共空間で禁止されているスケートを楽しむ人々や親子連れ等が集まった（写真3）。また、普段は喫煙スポットになっていた民間商業施設の広場であるシティプラザでは、矢作川の源流がある長野県根羽村の森林組合が提供してくれた木製座具や大きなオセロが1カ月間常設され、学校帰りの中高生が立ち寄ったり、商業施設の従業者がオセロ大会を自主企画するといった多様なシーンが生まれた（写真4）。さらに、普段は薄暗く夕方になると若い男女がたむろする場所になっていたデッキ下では、プロジェクション・

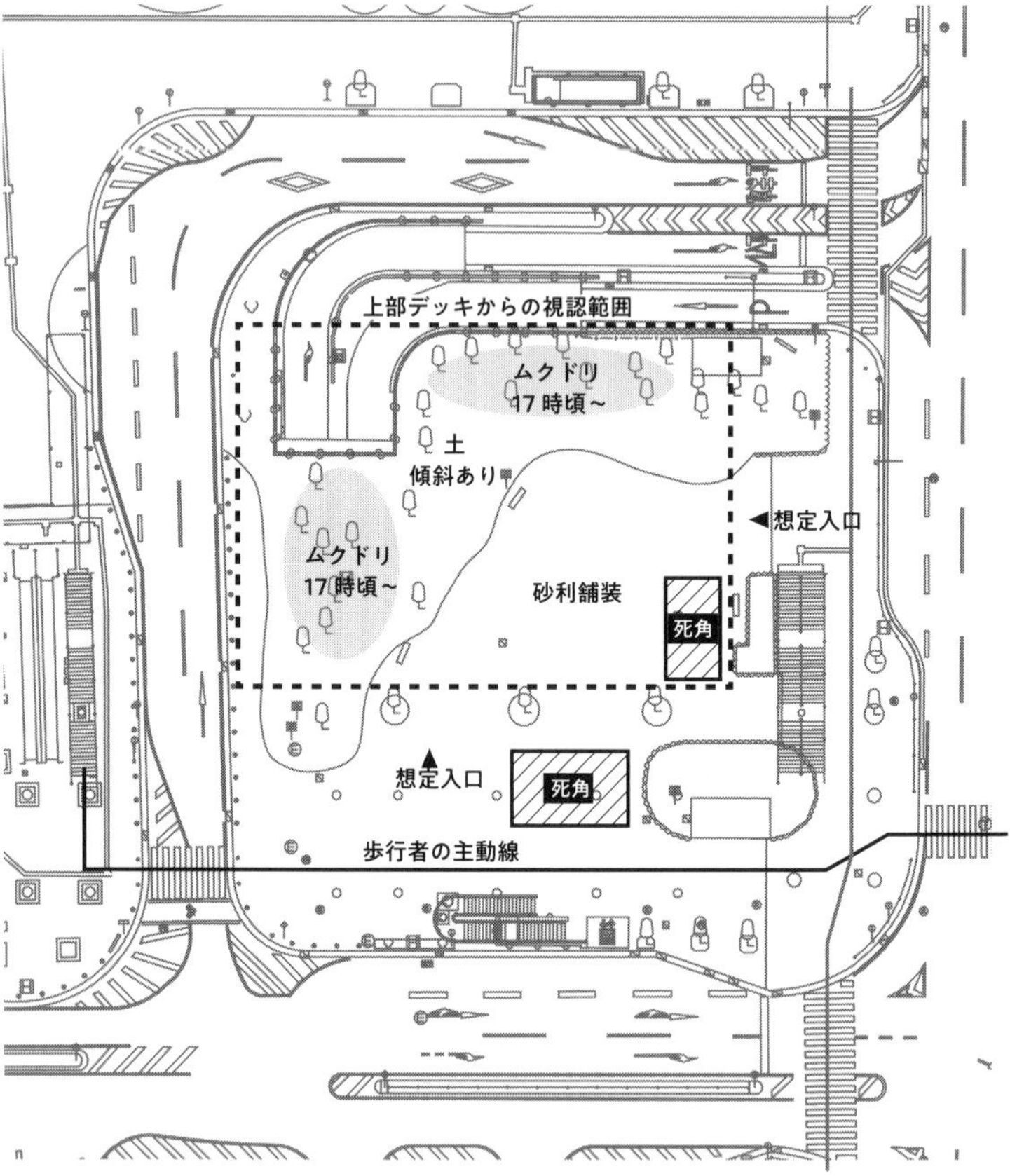

図4　新豊田駅東口駅前広場の空間特性

マッピングの技術を持つ大学生たちが屋外プラネタリウムを開催して好評を得た（写真5）。ちなみに、2年目以降は実施期間を延長したこともあり、２０１６年度（38団体）、２０１７年度（53団体）と着実に民間企業や市民団体の認知と活動が広がってきている。

そして最も反響が大きかったのが、デッキ広場で実施されたカフェ＆バー「TOYOTA DECK CAFÉ & BREW BAR」であった（写真6）。経緯は後半で詳述するが、二つの駅をつなぐこのデッキは歩行者通行量が街で一番多い場所でありながら、これまではただ通過するだけの場所になっていた。しかし、あそべるＰＪに応募した地元飲食事業者・有限会社ゾープランニング代表の神崎勝氏（２３４頁参照）と店舗製作を担当した家具製造会社・株式会社サンアール代表の加藤大生氏によって提案・実現されたこのカフェ＆バーによって、デッキ広場の景色は一変した。店舗や座具は民間事業者の負担で低コストでもセンスのよい空間に設え、店舗利用者以外も座れるようにしたことで、駅前に人が滞留する風景が生まれたのである。

デッキ広場での最大の課題は、対象空間が道路法に基づく道路区域であり、常設的な工作物の設置や滞留行為が認められないことであった。そこで、実証実験の前段階としてまず試したのが「すわれるデッキWEEK」と称した椅子とテーブルの設置による滞留行動の誘発実験である。この実験は２０１５年５月から約１カ月開催し、一定数の滞留行動を生みだし、簡易な座具を置くことでこれまで通過動線でしかなかったペデストリアンデッキに「人のいる風景」を創出することができた。

しかし、道路区域のままでは座具等は一時的な設置しか認められず、検証に有効なデータをと

写真3　新豊田駅東口駅前広場。平常時（上）と活用時（下）

写真4　シティプラザ。平常時（上）と活用時（下）

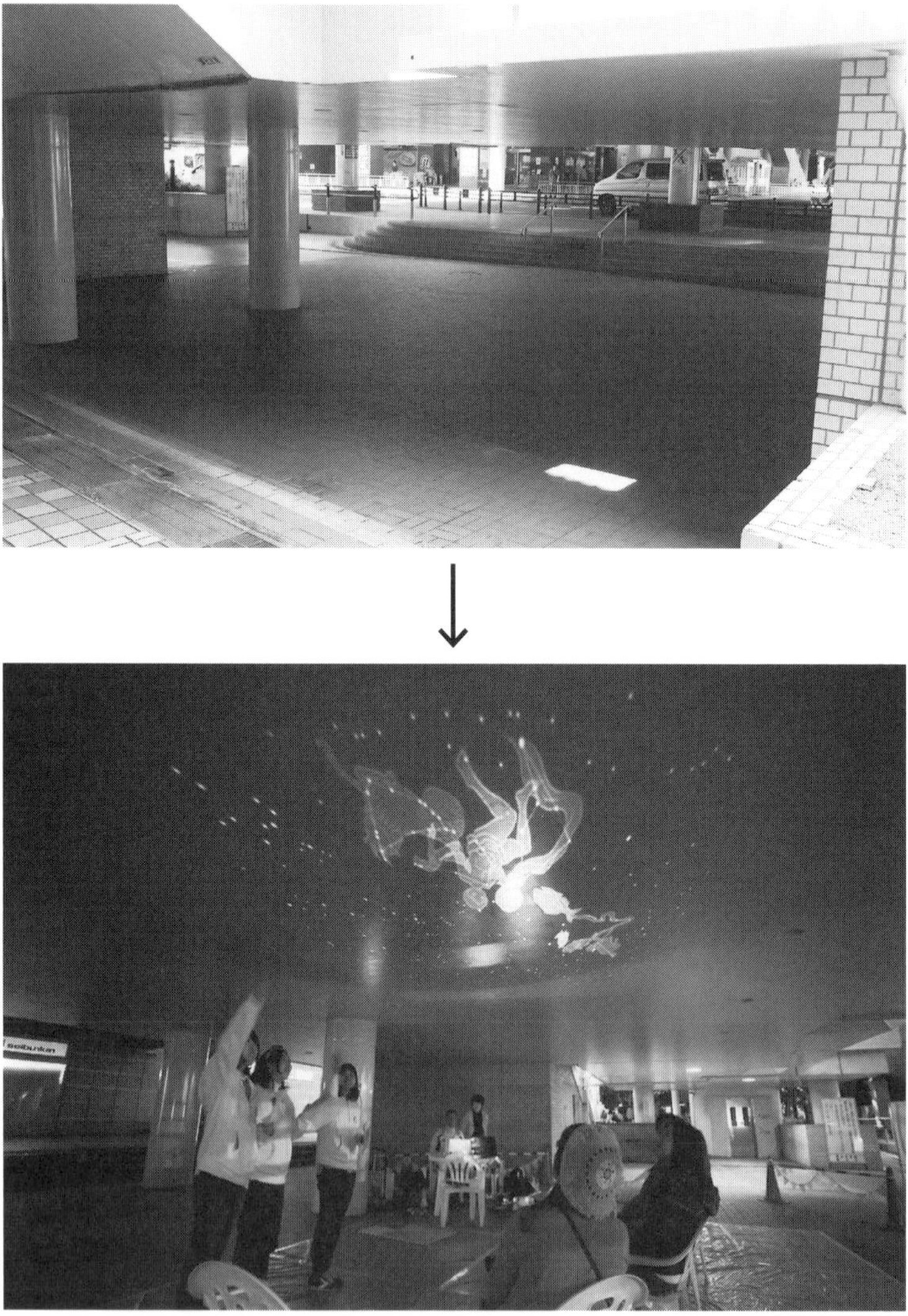

写真5　豊田市駅西口デッキ下。平常時（上）と活用時（下）

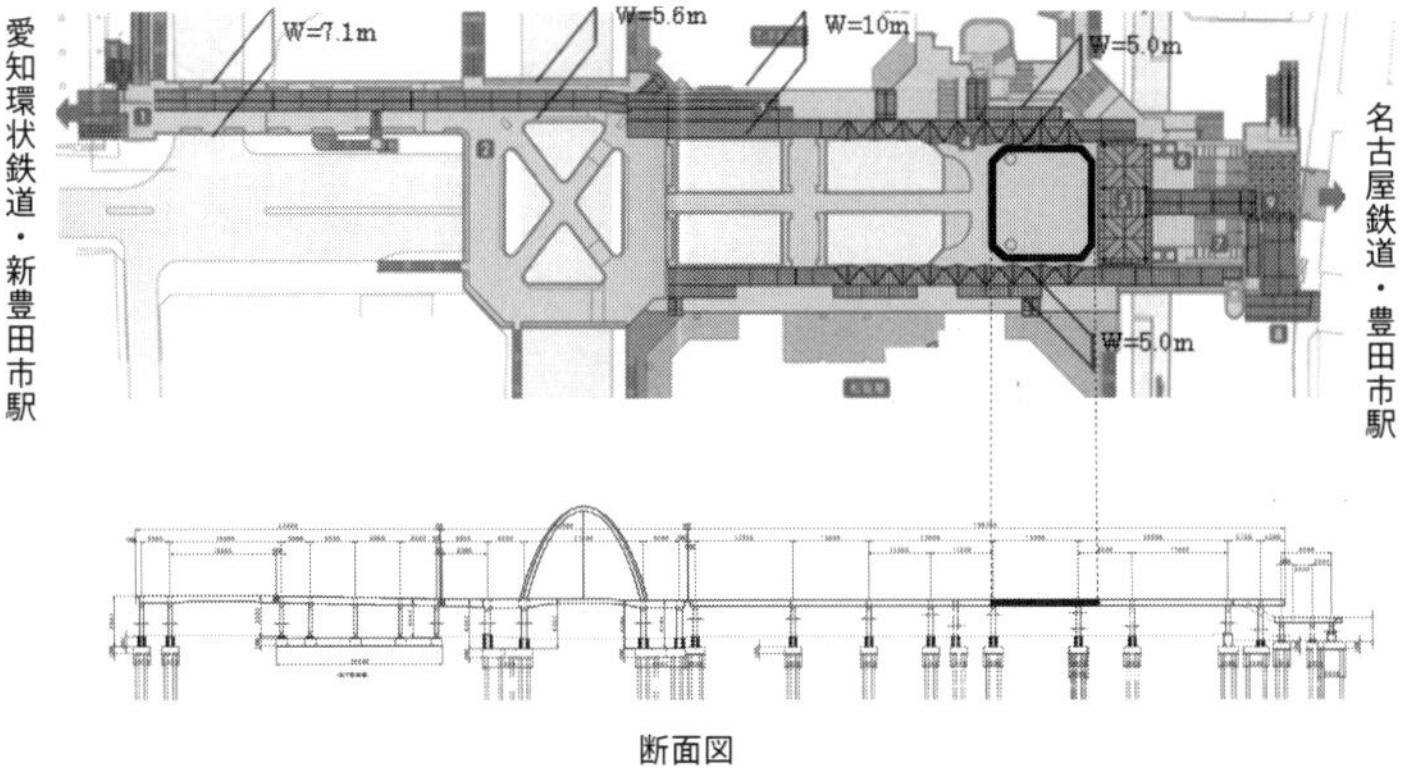

図5　ペデストリアンデッキ広場で道路区域を除外した部分（提供：豊田市都市整備課）

るために必要な長期間での実施は困難であった。そのため、実験の成果や各種の説明資料を作成した上で、あそべるＰＪの担当課である豊田市都市整備課の職員が、道路管理者である市や交通管理者である警察署と協議を重ね、ペデストリアンデッキの一部（約４００㎡）を道路区域から除外し、地方自治法に基づく市の普通財産として運用することで、長期の実証実験ができる状況を整えた（図５）。

このような法制度上の課題をクリアするためには、当然ながら専門的な知識と経験が必要となる。それを都市デザイン・コンサルタントが支援しながら、市や民間事業者と一体となって解決方法を検討していく体制が組めていたことが有効に働いた。

制度上の課題をクリアしたことで実現したカフェ＆バーは多くの人に利用され好評を得て、初回の実施期間（１カ月）を延長して継続された。

ここで実験した飲食施設の狙いは、人々の滞留行為を誘発することに加え、パブリック・マインドを持った民間事業者が収益事業を行いながら公共空間の価値を高め、そこで得られる収益の一部を空間の維持管理や質の向上に再投資することで、小さなスケールの公民連携による持続可能な公共空間運営のモデルを構築することにあった。そのため、翌２０１６年には営業期間を半年に延長、さらに２０１７年度には10カ月に再延長して年間を通して気候も変化するなかで、滞留空間の環境や売上の変化等をより詳細に検証した。

期間の延長に伴い、店舗（厨房）スペースの改善も図った。当初は1カ月のみの予定であったため、店舗や客席も民間事業者の負担で製作していたが、長期間の実験を行うにあたって設備の仕様や従業員の労働環境、メニューも改善する必要があった。そのため、2年目からは地元の製作会社の協力を得て中古のコンテナを改造した店舗を製作し、それをデッキ広場の運営者である協議会（２０１６年度より準備会から協議会へ移行。詳細は後述）がリース契約で借り、店舗を運営する公募事業者に提供する枠組み（協議会と公募事業者で覚書を結び、公募事業者は売上歩合で協議会に賃料を支払う）にした。これによって店舗空間は簡易ながら雨風を凌げて保健所の許可基準も満たすものとなり、営業の幅が広がった。

そして２０１６、２０１７年度にそれぞれ再度公募を実施したところ、いずれも神崎氏を代表とするチームが公募で選定され、メニューや客席の向上を図りながら、店先の広場でもさまざまな主体と連携した企画を実施することで、利用者の満足度も年々高まっていった（写真6）。

このように公共空間を活用した〈Method 6 LQC〉を実施することによって、これまで街の中に

写真6　ペデストリアンデッキ広場の平常時（上）、2015年の活用時（中）、2016年の活用時（下）

なかった豊かなシーンがいくつも生まれた。

Phase 6 試行の結果を検証する

2015年度の実証実験は概ね問題なく好評のうちに終了した。1カ月の開催期間終了後にはコンテンツを提供してくれた団体に再度集まってもらい、利用した公共空間の設備や開催までの手続き、コンテンツ実施中の配慮事項等、実際に活用した上での気づきを整理し共有する〈Method 7 フィードバック・ミーティング〉を開催した。

このフィードバック・ミーティングでは、強い風が吹いた際にテント等の設置物を強固に固定する必要があることや、搬出入の際の駐車場からのバック動線の明示が必要であること、公共空間内に電源や給排水設備があると便利なこと、また使用許可手続きを簡素化することで利用のハードルが下がること等の意見が出され、今後の本格的なしくみづくりのポイントを洗いだした。

さらに、実証実験の開催前と開催期間中の両方で〈Method 8 プレイス・サーベイ〉を実施し、ザ・パワー・オブ10で選定した公共空間における人々の滞留行為の変化を検証した。調査項目は2章で紹介したものと同じである。

その中でも特に変化がはっきりと現れたのが、アクティビティの多様性であった。開催前の都心地区では、9カ所の公共空間の中で、灰皿が設置されていたシティプラザでの「喫煙」くらいしかアクティビティが存在しなかった（図6上）。しかし、実証実験の開催期間中は複数の公共空間

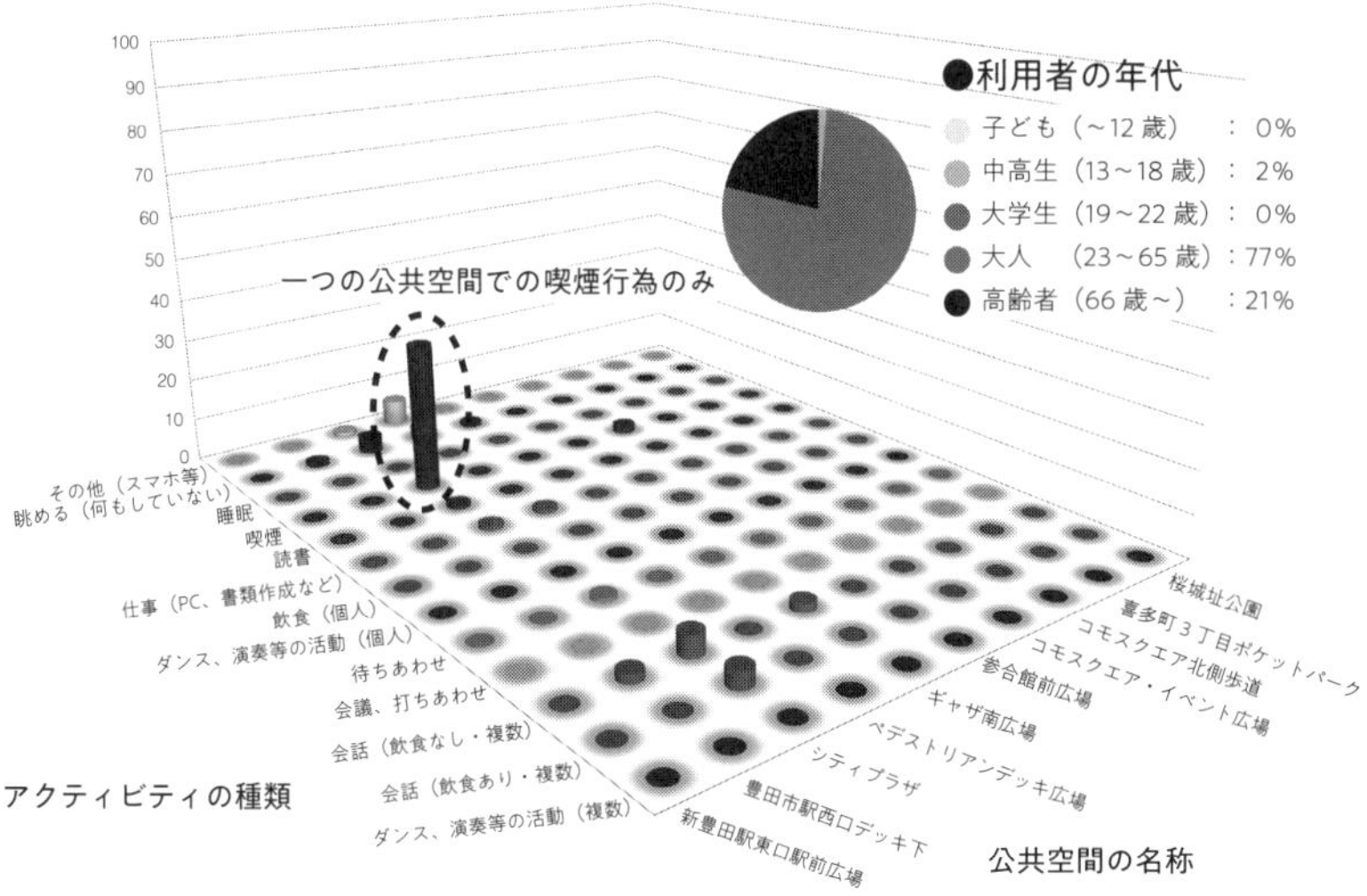

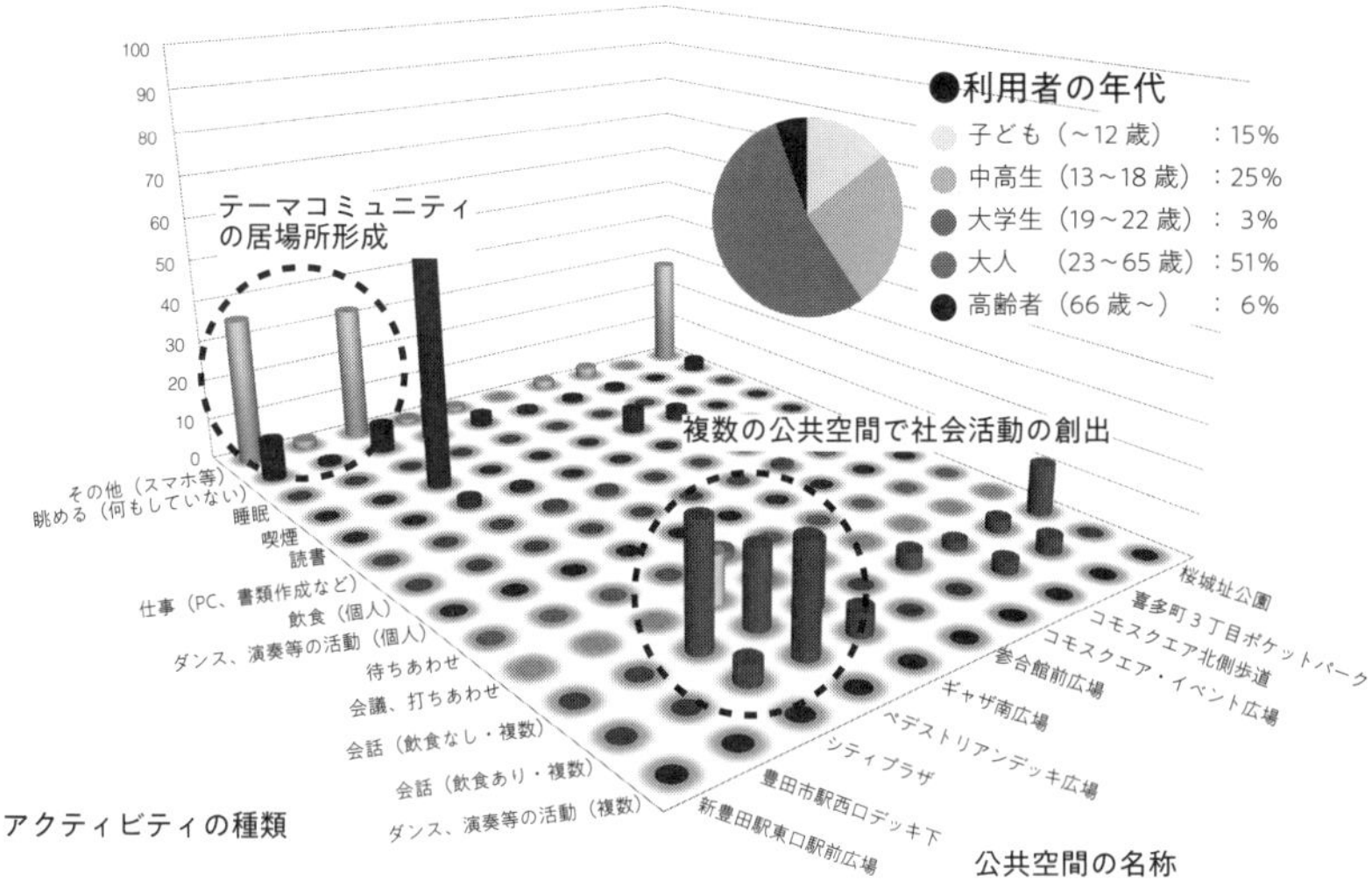

図6　プレイス・サーベイで検証したアクティビティの変化。実験開催前（上）と開催期間中（下）

で多様なアクティビティが生まれていた（図6下）。駅前広場ではストリート・スポーツ、シティプラザではオセロ等、特定の「テーマコミュニティの活動」が生まれ、デッキ広場では「飲食を伴う会話」や「待ちあわせ」といった社会活動が生まれた。さらに、これまでは街なかの公共空間ではほとんど見かけることがなかった小学生や中高生の利用が増加し、利用者の世代という視点でも多様性が生まれた。単純な来場者数のカウントのみでは測りきれない本質的な成果が、このプレイス・サーベイによって顕在化された。

デッキ広場での飲食店舗の設置については、さらに詳細な調査を行った（図7）。店舗に隣接して設けられた広場内の客席を利用した人のうち、店舗で飲食物を購入して座った人と、何も購入せずに休憩等の目的で座った人を分けて、それぞれの平均滞留時間と年齢、性別を記録した。調査時間は朝の出勤時間帯である8時30分から夜の飲酒利用が始まる20時30分までの12時間とし、5分ごとに着席している人を記録する調査を春夏秋冬の平日休日、年間8日実施した。

5月の休日の調査結果を見ると、何も購入せずに座っている人の平均滞留時間が15・7分であるのに対し、店舗で飲食物を購入して座った人の平均滞留時間は26・6分であり、飲食を伴う滞留行為の方が1人あたりの平均滞留時間が10分以上延びるという結果が得られた。この結果が明らかになったことで、公共空間において民間事業者が収益事業を行うことの意義を「飲食サービスの提供によって1人あたりの平均滞留時間が延長し、駅前に人のいる風景が創出され、来街者数を増やす以外の方法でも取り組みの目的を実現することができる」と説明することができるようになった。

また、民間事業者が広場の管理や空間の改善に再投資できるだけの利益をあげられるかという点に関しては、事業者から毎月提出される売上報告をもとに損益計算書を作成して利益率や実数を把握しており、それをベースに店舗部分の賃料設定（初年度は売上の5％、完全歩合制とし、次年度以降は比率を高くした）を行うことで適切な損益分岐点を設定している。

さらに、客席が屋外空間であるため気候の変化による客足の増減が激しいことや、天候リスクが高く、通常の飲食店のような収支計画が組めないことも、この調査でわかった。そのため、2019年度秋から予定している拠点施設の暫定活用（後述参照）では屋内の客席を一定数設ける等、検証結果を反映した改善を行いながら取り組みを継続している。

このように、プレイスメイキングの手法では、事前にLQCの取り組みの仮説を立て、それを適切な効果測定を行うことで裏づけて本格的な整備に反映するという一連のプロセスを大切にしている。この点が、ゲリラ的な公共空間活用やイベント的な社会実験とは大きく異なる点であり、プレイスメイキングが戦略的な都市デザイン手法として体系的に展開できる所以でもある。

Phase 7 空間と運営をデザインする

初年度の後半は、LQCで実践してきた「つかう」取り組みをいかに本格的な空間の再整備＝「つくる」に結びつけるかが争点になった。当初の市の計画では、デッキの架け替えやバスターミナルの再編、複数の公共空間の再整備における空間の基本設計、実施設計、工事がすべてバラバラ

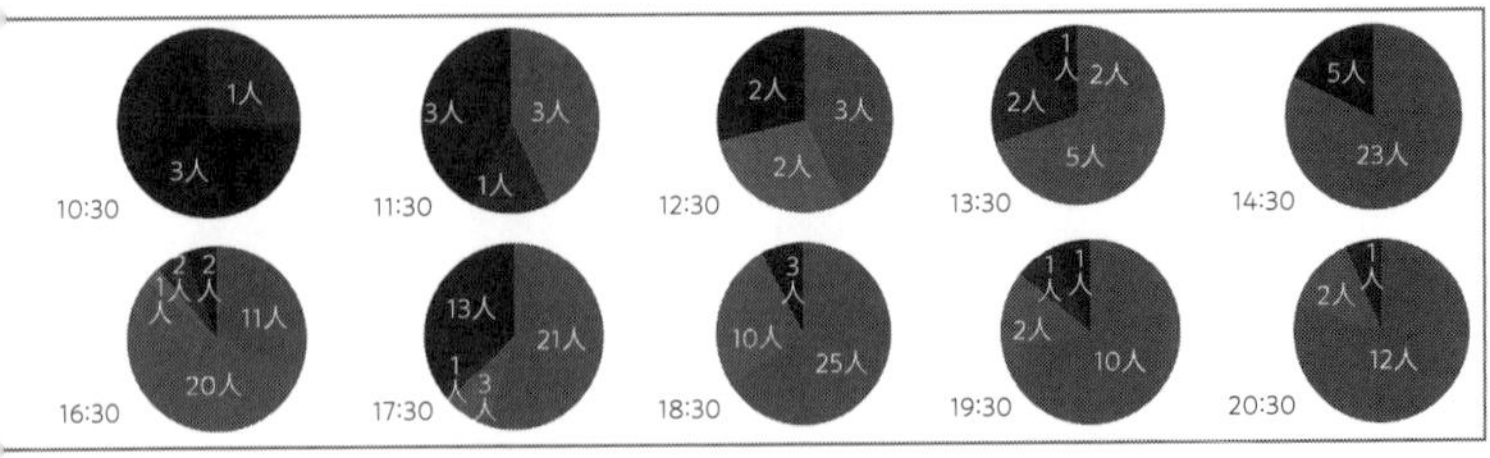

時間帯別滞留人数（有料席・無料席）

□滞留者数：716人／日
（有料席：259人　無料席：457人）
□デッキ通行量：21,994人

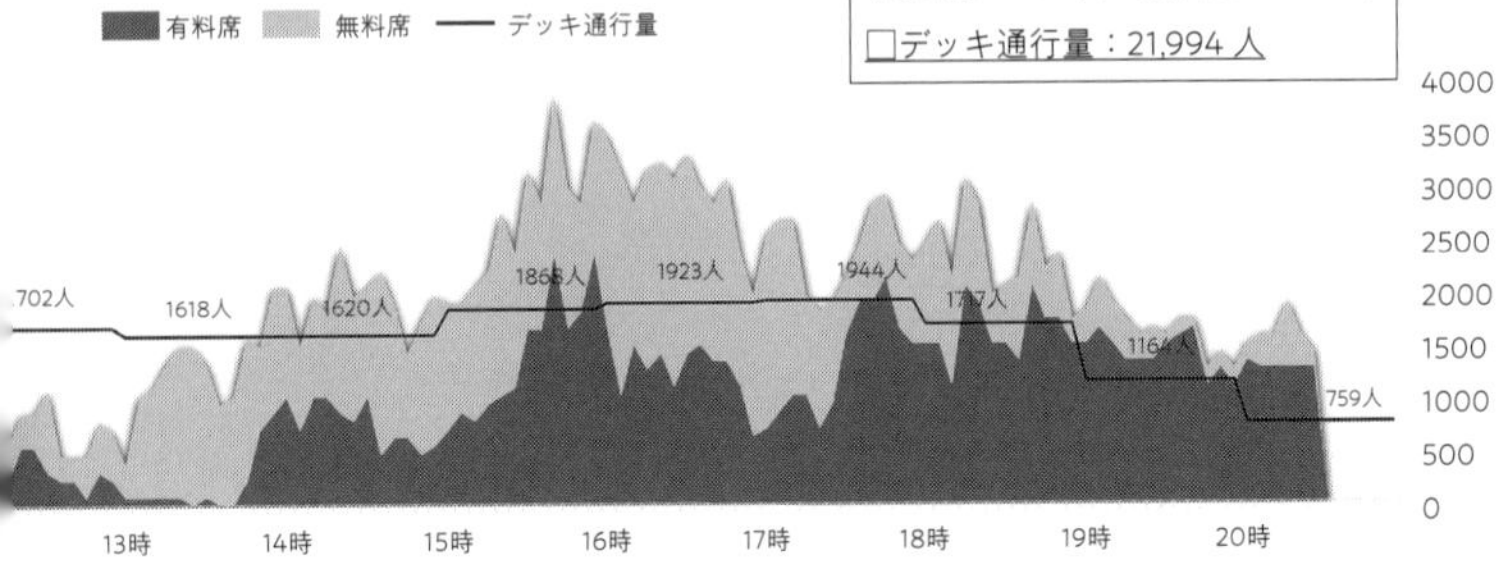

利用者別滞留時間（有料席）
（単位：分）テーブル：10台、イス：45席、S字ベンチ：13席

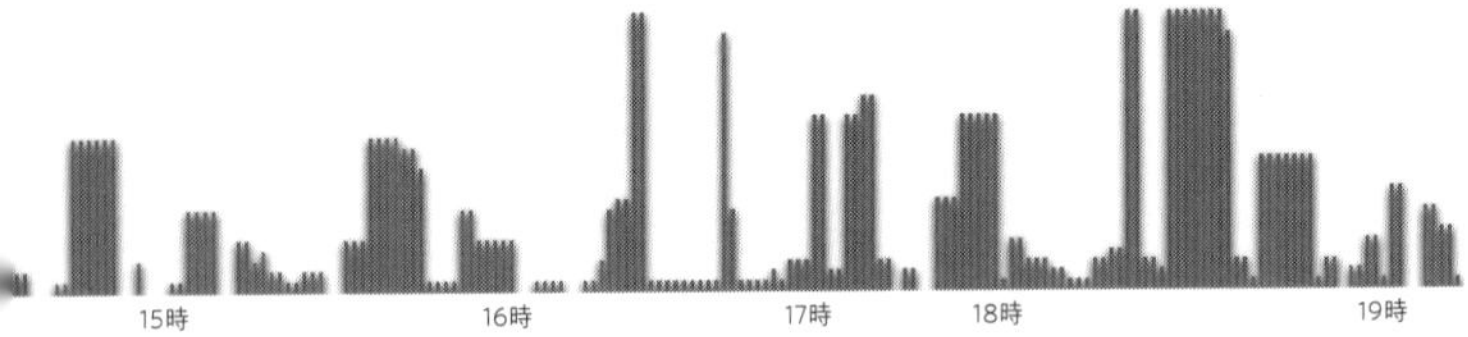

利用者別滞留時間（無料席）
（単位：分）テーブル：4台、イス：33席、S字ベンチ：8席

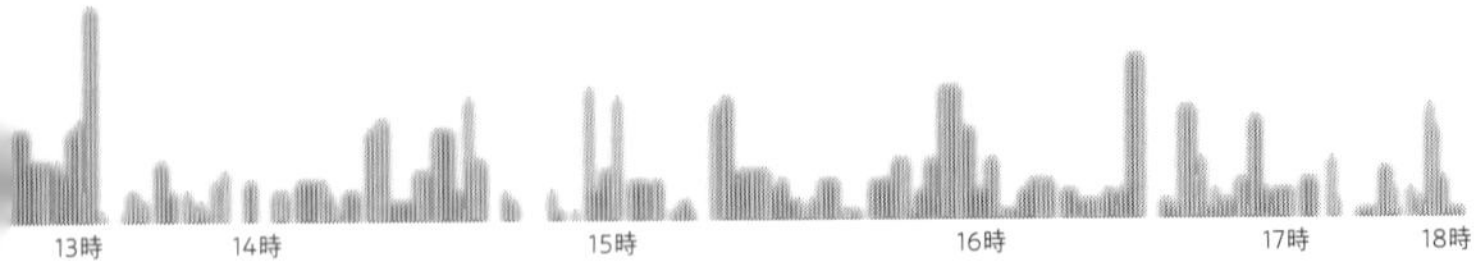

【プレイス調査（滞留時間調査）】

■調査概要
□実施日：2016 年 5 月 8 日（日）
□天候：晴
□最高気温：26.0℃
□最低気温：14.0℃
□調査個所：ペデストリアンデッキ広場
□調査時間：08：30 ～ 20：30
(5 分毎に滞留者数・滞留時間をカウント)
□調査方法：現地定点観測（目視）
□調査人員：2 名
□備考
・豊田スタジアムでＪリーグ開催
・試合開始：13 時
・試合終了：15 時
・試合結果：名古屋 0：1 神戸
・八日市開催日

【有料席運営者概要】
□調査実施日も 11：00 ～ 22:00 の時間で通常通り営業していた。

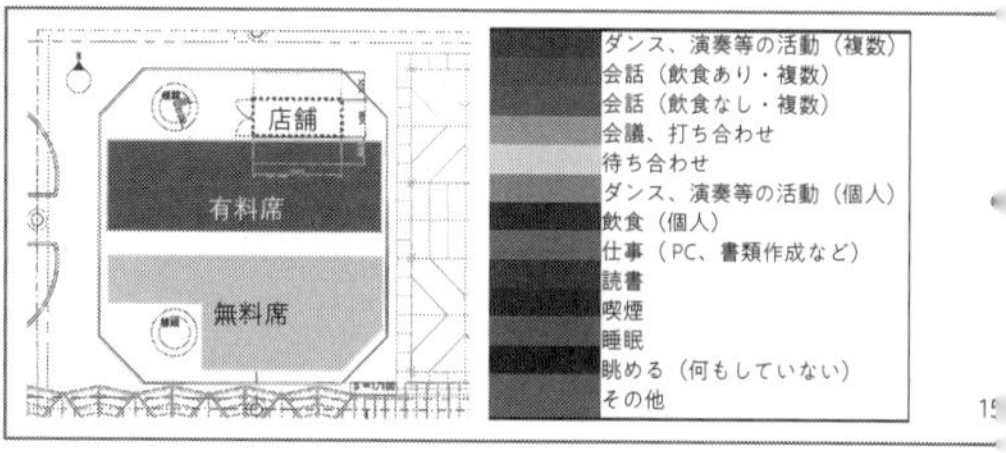

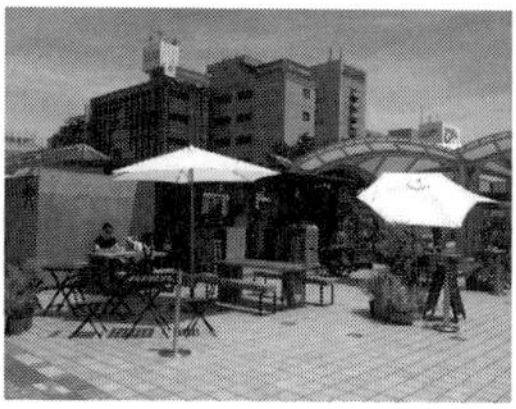

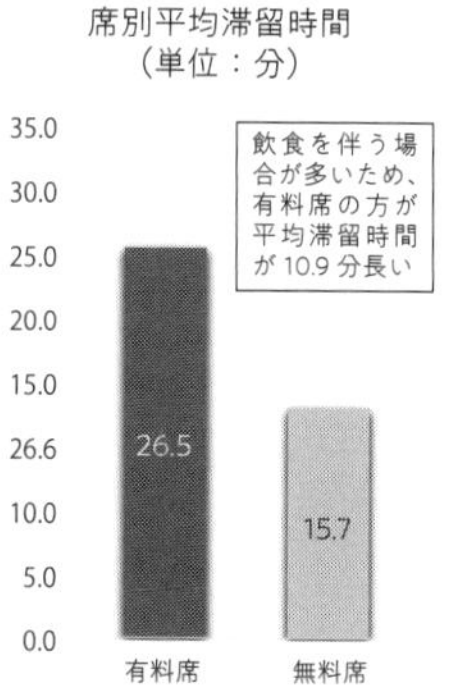

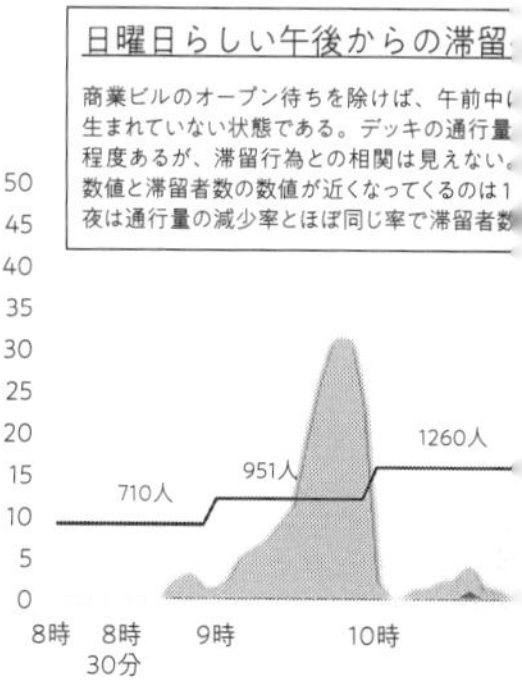

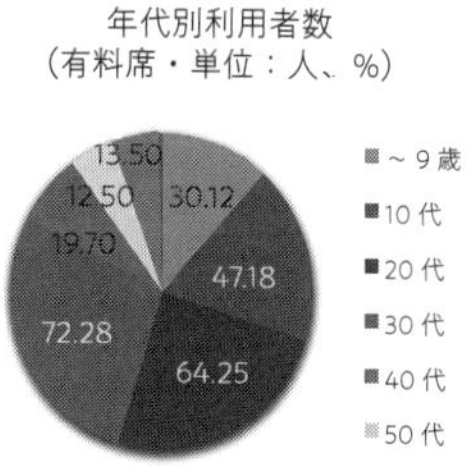

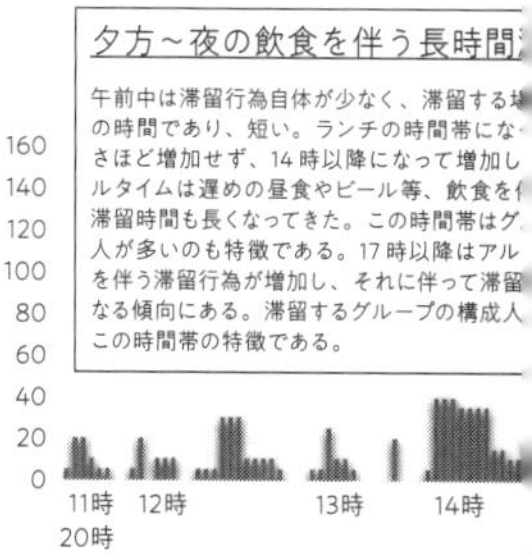

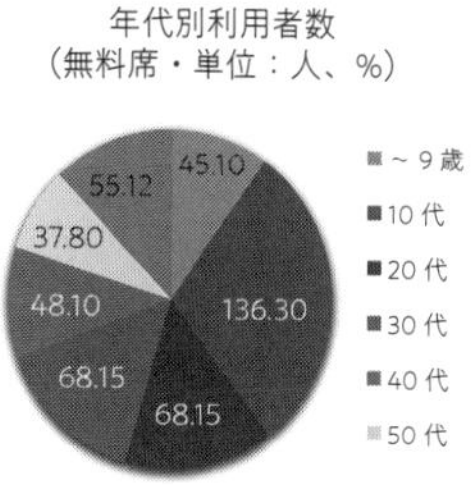

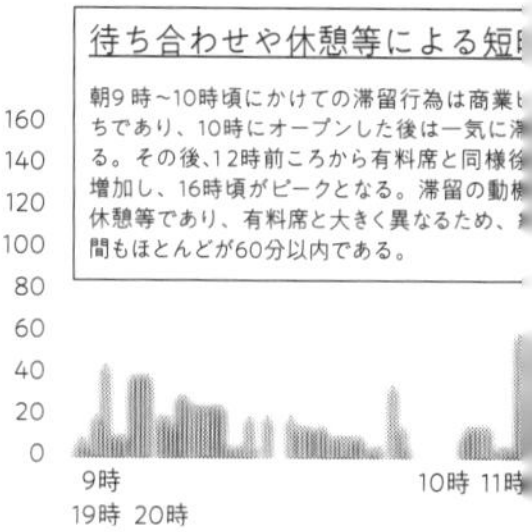

図7　デッキ広場での滞留行動調査の結果

に入札で発注されることとなっていた。それでは都心地区全体としてのストーリーを持ったデザインを行うことは困難であり、「つかう」側で進めてきたＬＱＣの成果を反映することもできない。

そこで、ＨＢＰでは全国のデザイン監修の手法を調査・分析した上で、豊田の都心地区における効果的なデザイン監修のしくみを検討し、それを「つくる」側の体制として提案した。この時点で２０１５年度の秋であったため、次年度の予算や業務調整の面でこの提案を受け入れることは市としても非常に難しい状況であった。しかし、担当課の職員と何度も議論を重ね、庁内の調整にも尽力してもらい、なんとか次年度からデザイン監修のしくみを導入する目処をつけることができた。

この時に提案したデザイン監修のしくみは、２０１５年度内にプロポーザルを行い、建築、土木、ランドスケープといった分野の専門家によるＪＶ（共同企業体）の「つくる」チームを選定し、そのチームとの協議・調整の場において、先行している「つかう」の取り組みの成果を空間デザインに反映することを基本とした。そして、「つくる」チームのプロポーザルの審査員には、その後も「空間デザイン・アドバイザー」という立場で完成するまで継続的に関わってもらい、「つかう」チーム、「つくる」チームと共に練った案を市民ワークショップに提案して意見交換を行い、その成果を利害関係者が集まる推進会議に諮ることで最終的なデザインの合意を得るという体制を構築した。最後に、合意された基本設計案に基づいて「つくる」チームが各施設の実施設計者のデザインを監修するというしくみで、２０１６年度からの取り組みを推進することとなった（図８）。

２０１５年度末に実施された「つくる」チームのプロポーザルで、株式会社日建設計シビル（当

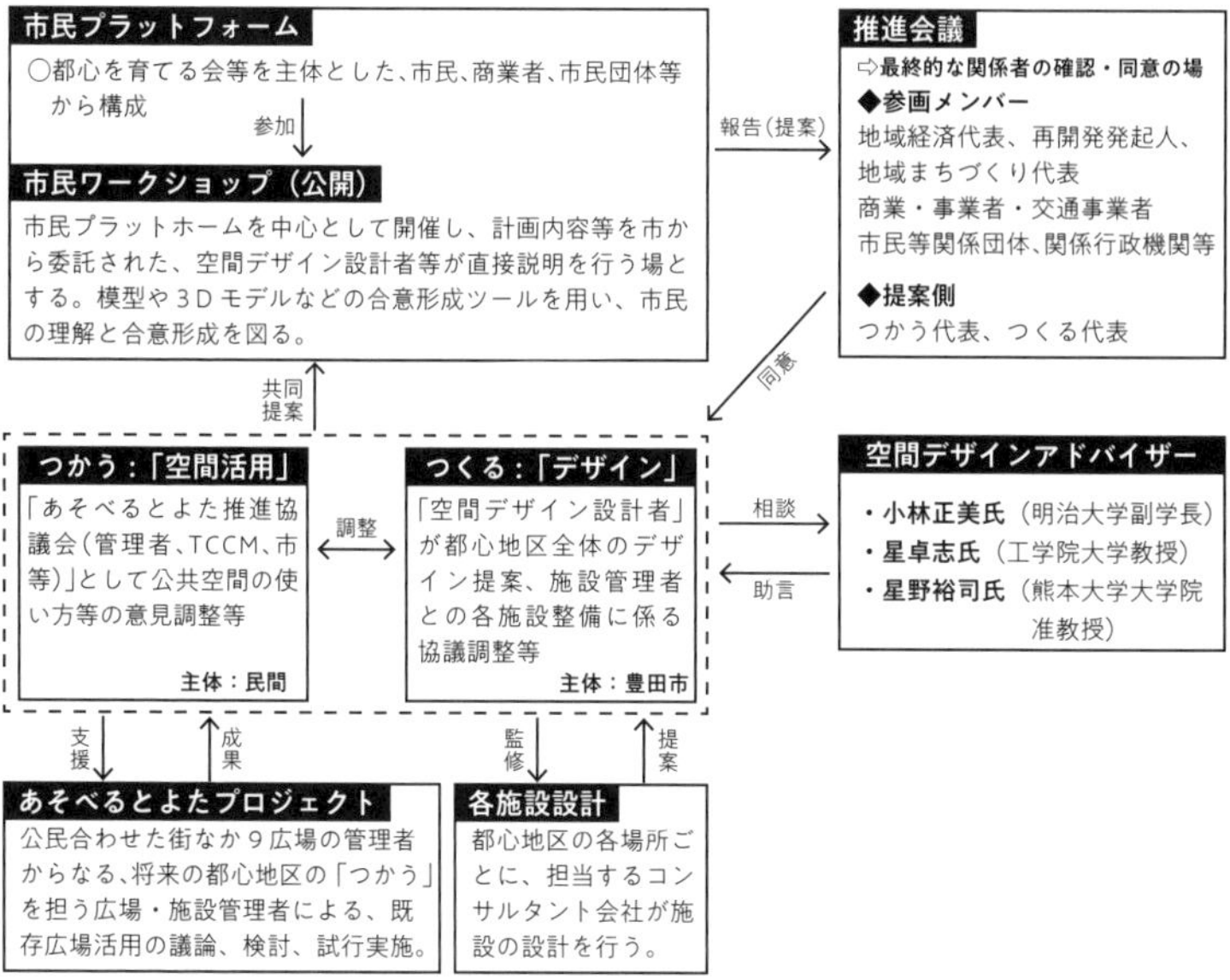

図8　「つかう」チームと「つくる」チームの連携体制

時、現在株式会社ＳＯＣＩ）の大藪善久氏（土木）、株式会社エイバンバの番場俊宏氏（建築）、株式会社スタジオゲンクマガイの熊谷玄氏（ランドスケープ）、ＷＡＯ渡邉篤志建築設計事務所の渡邉篤志氏（建築）を代表としたチームが選定され、２０１６年度から無事に「つくる」側の取り組みもスタートした。

「つくる」チームでは、前年度までの「つかう」チームの取り組みも踏まえながら、プロポーザル時のコンセプトをベースに都心地区全体の大きなデザインの骨格を組み立てていった。豊田市駅の東側を矢作川にちなんで「矢作口」、西側を昆森公園にちなんで「昆森口」と名づけることを提案

写真7　空間デザインに関するワークショップ

し、それぞれのエリアの性格づけをしながら空間のデザインに落とし込んでいった。また、都心地区におけるまちづくりの基本方針を表す言葉として「カスタマイズとよた！」というキーワードを掲げ、市民ワークショップの意見も丁寧に吸い上げ、設計に反映している（写真7）。

都市空間の日常的な使われ方について、昆森側では公共空間に人々が休める場や事業者が活用できる場をたくさん用意することとし、矢作側では駅からスタジアムへと伸びる停車場線と呼ばれる道路を軸に、目的性を持った空間の整備を行うことにした。空間構成については、昆森側は豊かな緑を活かした小さな居場所を連鎖的につなげていくことを目指し、矢作側は停車場線の軸線を意識しながらも沿道の空間と一体的にデザインし、大規模なイベント等の非日常的な利用も想定した街の舞台を志向することとした。

「つくる」チームによるデザインの特徴の一つは、将来的に実現したい豊かなシーンを想定し、それを可能にする空間や設備のあり方を設計に落とし込んでいる点にある。さらに、都心地区という一定の広がりを持ったエリアを対象にしているため、多様なシーンを単独の公共空間で実現する必要はなく、それぞれの空間でできることを役割分担して総合的にアクティビティと空間をマッチングさせていくことが可能になっている。そして、その考え方は、空間構成の改善や舗装のデザイン、照明塔やボラード、サインといった道路上の工作物、アーバン・ファニチャーに至るまで、管理主体やスケールの枠組みを超えて落とし込まれる。その根底には、既存の状況から不要なものを減らしてシンプルにしていきながら、「カスタマイズとよた！」の精神に基づく「アクティビティ・ファースト」の空間をいかにつくりあげるか、という発想が共有されている。

2年目となる2016年度は、「つくる」チームによる空間デザインの検討と並行して、「つかう」チームでは実証実験の取り組みを継続するため運営のデザインに取り組んだ。まず、準備会だった「あそべるとよたプロジェクト推進協議会」（以下、協議会）を本格的に運用し、実験期間も延長して2年目のあそべるＰＪを実施した。

次に、前年度のあそべるＰＪの実績を踏まえてザ・パワー・オブ10で取り上げた各公共空間のうち、一定の利用ニーズがあり取り組みの優先順位の高い6カ所に絞り込み各空間の性格づけを行い、〈Method 9 キャラクター・マップ〉を作成した。その中で、協議会によって運営する「統一窓口」を継続し、各公共空間を「収益事業型」「管理者支援型」「担い手発掘・育成型」の三つの型に分類し、それぞれの属性に応じた活用の推進方針を共有した（図9）。

「統一窓口」による公共空間活用

対象広場：街なかの全9カ所の広場
目　的　：活用の担い手発掘・育成活用ノウハウの蓄積

実施内容

●公共空間の管理者育成
・活用の統一窓口を設置し、使い手を募集
・原則自由利用とし、年間を通して募集
・2カ月ごとにテーマを設定し、使われ方を調査

Type1

「収益事業型」の公共空間活用

対象広場：ペデストリアンデッキ広場
目　的　：半年間の飲食販売&活用コーディネート実施者の発掘と事業性の検証

実施内容

●公共空間での事業化可能性の模索と空間の質の向上
・半年間の飲食販売事業者の公募と事業実施
・コンテナ店舗を使用した飲食店営業および広場活用、管理、イベント開催のコーディネート
・事業実施者による空間の演出と維持管理の実施

Type2

「管理者支援型」の公共空間活用

対象広場：公共空間管理者が自ら投資して、積極的な活用を図ろうとする広場
目　的　：公共空間管理者の自発的な投資による活用を支援し、自立運営を促進

実施内容

●投資意欲のある公共空間管理者が独自に実施する施策に対する推進支援
・可動式のストリートファニチャーの設置や仮設的空間整備による空間活用の提案

Type3

「担い手発掘・育成型」の公共空間活用

対象広場：新豊田駅前東口駅前広場
目　的　：投資が行われにくい公共空間での公益性の高い活用と使い手を中心とした運営体制の構築

実施内容

●ワーキングチームによる公共空間のリノベーション
・公共空間の現状分析とポテンシャル発掘
・具体的活用イメージを持つ人材による活用案の検討
・日常的な公共空間運営の体制駅前の検討
・年間を通した活用スケジュールの検討

Type4

図9　公共空間の特性ごとに類型化したキャラクター・マップ（出典：豊田市都心地区空間デザイン基本計画）

「統一窓口」は、所有者や管理者、利用ルールや申し込み手続きの異なる複数の空間を一体的に扱い、使用許可手続き等を簡潔に伝えることで活用のハードルを下げる効果を発揮できたことから、2年目も継続して試行を行うこととした。

「収益事業型」ではデッキ広場のみを対象とした。豊田市駅の乗降客数は約3万人／日、デッキの通行者数は約2万人／日であり、飲食事業を行う環境としては恵まれているとは言いがたいが、それでもこのデッキが豊田市で最も人通りのある場所であり、収益事業が成立する可能性が高い。

初年度に営業したカフェ&バーは、事業者の営業努力の甲斐があってなんとか経常赤字にはならない状況であったが、事業として一定の利益を上げて空間に再投資するためには、さらに収益を向上させる工夫が必要であった。そこで、先に解説した店舗の改善を行い飲食サービスの拡充による収益性の向上を目指した。将来的には、豊田市駅東口に整備する広場を運営する拠点施設として安定した営業ができる環境を整えることを長期的な目標とした（詳細は後述）。

次に「管理者支援型」では、民間企業が所有・管理するシティプラザ、ギャザ南広場、参合館前広場、コモスクエア・イベント広場の四つを対象とした。これらの公共空間は各民間企業が所有しているが、協議会で一体的に活用しながら、民間の敷地であることも踏まえ、隣接する施設の入居テナントの売上向上につながったり、滞留環境を整備して施設での消費時間が増加し購買機会につながるような設備投資等、公共空間と施設の価値を高める受け皿として捉えることを促している。活用の工夫や空間の改善提案は「つかう」チームと「つくる」チームが行い、実際に意思決定をして投資をするのは民間の公共空間所有者とするスキームである。公共空間への投資が施設の価値向上につながるという発想を共有することは簡単ではないが、複数の公共空間では実証実験を機に新しいコンテンツを日常的に設置したり、隣接テナント区画を公共空間とつなげて改修するといった具体的な動きも生まれた。

最後に「担い手発掘・育成型」では、駅前広場を対象とした。ここは市の所有・管理であり、デッキ広場のような収益事業は成立しないが、ストリート・スポーツ等特定の利用者の潜在的ニーズが確認できたことから、今後も活用の担い手を発掘して空間を改修する方針とした（詳細は後述）。

Phase 8 常態化のためのしくみをつくる

キャラクター・マップによる類型化を行った上で、公共空間を軸にした都心地区における「つかう」取り組みを今後常態化するためのしくみを検討した。当初は都心地区を一体で捉えたエリアマネジメントの展開を検討したが、Phase 7で整理した通り、豊田市の都心地区では収益事業型として活用できる公共空間はデッキ広場しかなく、経済効果のみを活用の価値と考えるには都心地区全体では広すぎるという結論に至った。

そこで、地区全体をマネジメントするのではなく、地先としての公共空間をそれぞれの所有者が個別にマネジメントし、管理者支援型の考え方に基づいて空間への再投資を行うことで、個々の取り組みの成果が都心地区全体に滲みでてくる状況をつくれないかと考えた。

その際に、行政としては民間企業が所有する公共空間の沿道や公募事業を行うデッキ広場等のハード整備において活用しやすい改修を行い、民間事業者による一体的な運営に任せていく方針をたてた。さらに、イベントへの助成を行うのではなく、主催者がより自由な発想で企画を立てられるよう規制緩和や適切な権限移譲を行うことで、民間事業者を支援する方針とした。

一方、民間事業者は、効率的かつ質の高い空間改善やコンテンツの提供を行い都心地区の魅力アップに貢献し、行政の協力によって改善された公共空間の運営や管理も一体的に実施することで、受益者負担の原則のもとに都市空間を使いこなしていくことを方針として掲げた。

HBPは「つかう」チームでの検討結果として、このように都心地区のさまざまな与条件を整理した上で、身の丈に合った公民連携のマネジメントのしくみを提案した（図10）。この枠組みで実際に取り組みを継続していくためにはもう少し時間と関係者の理解を要するが、低リスク・低コストの実証実験から始まった公民連携プロジェクトが持続可能な枠組みで定着していくことは街の未来にとって非常に重要なことである。

Phase 9　長期的なビジョン・計画に位置づける

活動2年目となった2016年度の「つかう」と「つくる」の取り組みを踏まえ、都心地区におけるプレイスメイキングの取り組みの成果と空間デザインの方針、長期的な目標を「豊田市都心地区空間デザイン基本計画」（以下、デザインブック）という行政計画としてまとめた（2017

2018 年 【民間に移管】

「つかう」
○あそべるとよたプロジェクト実証終了
・エリマネ試行スタート

「つくる」
○UFJ跡地整備中
○西口ABデッキ工事中

進め方のイメージ

□各ゾーンのハード整備の進捗や実証実験、公民それぞれの意識共有等のバランスをとり、段階的に取組みます。

・活用検討WS継続実施
・広場空間の工事＋運営体制検討

・飲食店＆マネジメント
（地先建物オーナーによる管理活用・通年）

・既存広場の活用実験
（地先建物オーナーによる管理活用＋公募運営主体による管理活用）

・地先建物オーナーによる管理活用
（コモスクエア・キタラ）

ゾーンごとの連携イメージ

●個性あるゾーンごとに、地先広場のマネジメントを実践します（個々の活用効果の連鎖によるエリア価値向上へ）

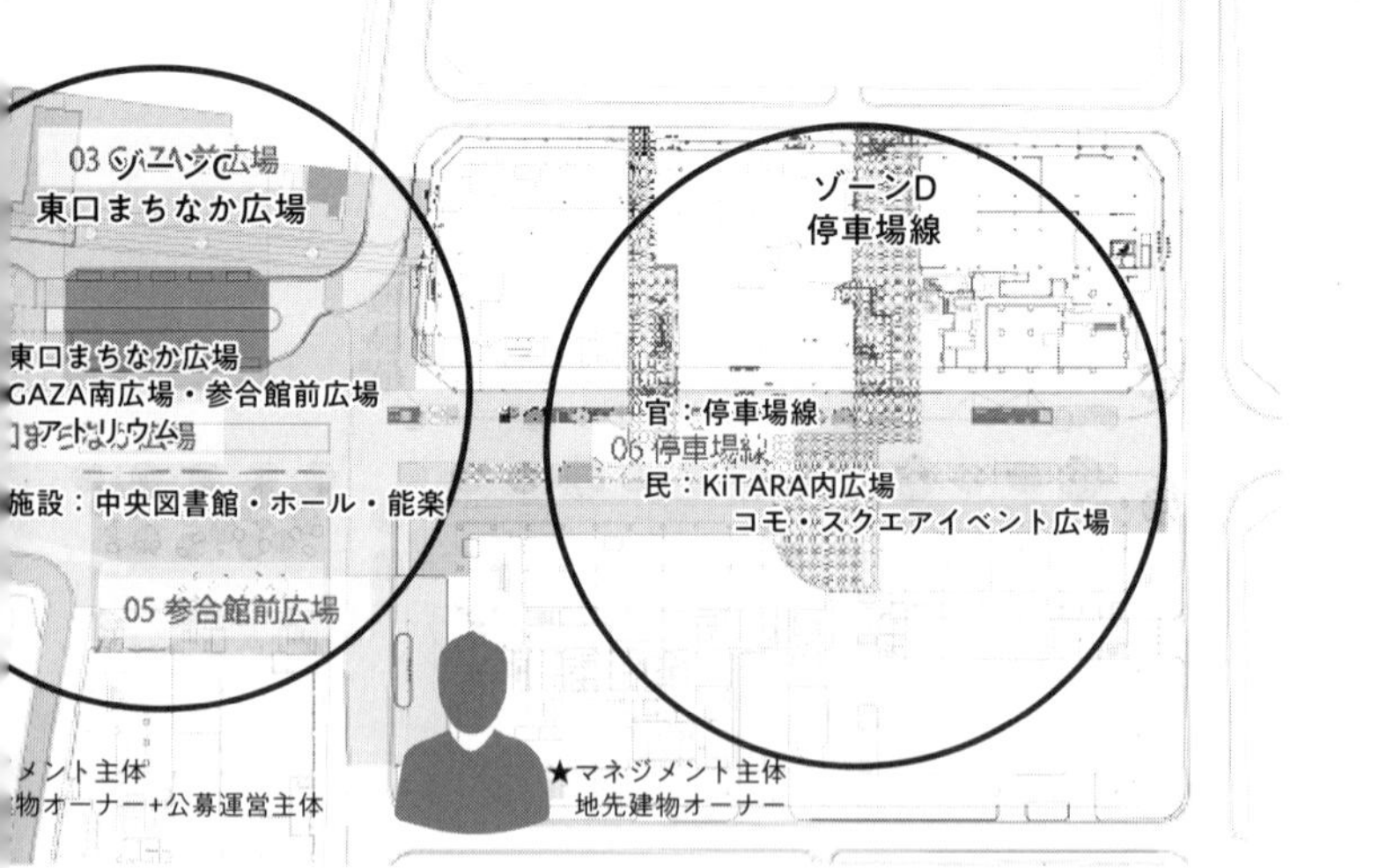

	2016年 【実証実験】	2017年 【実証実験】
	「つかう」 ○あそべるとよたプロジェクト2年目 ・市民、企業、担い手拡大 ・公共投資＆受益者の役割分担の意識醸成 「つくる」 ○豊田市都心地区空間デザイン基本計画作成	「つかう」 ○あそべるとよたプロジェクト最終年 ・マネジメント主体の目処 ・地権者法人の合意形成 「つくる ○UFJ跡 ○KiTAR
ゾーンA 新豊田駅前東口広場	・活用検討WSの立ち上げ ・活用アイデアの検討	・活用検討WS継続実施 ・広場空間の設計＋運営体制検討
ゾーンB ペデストリアンデッキ広場	・飲食店＆マネジメント実験 （公募事業者・6か月間）	・飲食店＆マネジメント実験 （公募事業者・10カ月間）
ゾーンC 東口まちなか広場	・既存広場の活用実験 （統一窓口・9カ所・6カ月間）	・既存広場の活用実験 （統一窓口・6カ所・7カ月間）
ゾーンD 停車場線	・地先建物オーナーによる管理活用 （コモスクエア）	・地先建物オーナーによる管理活用 （コモスクエア・キタラ）

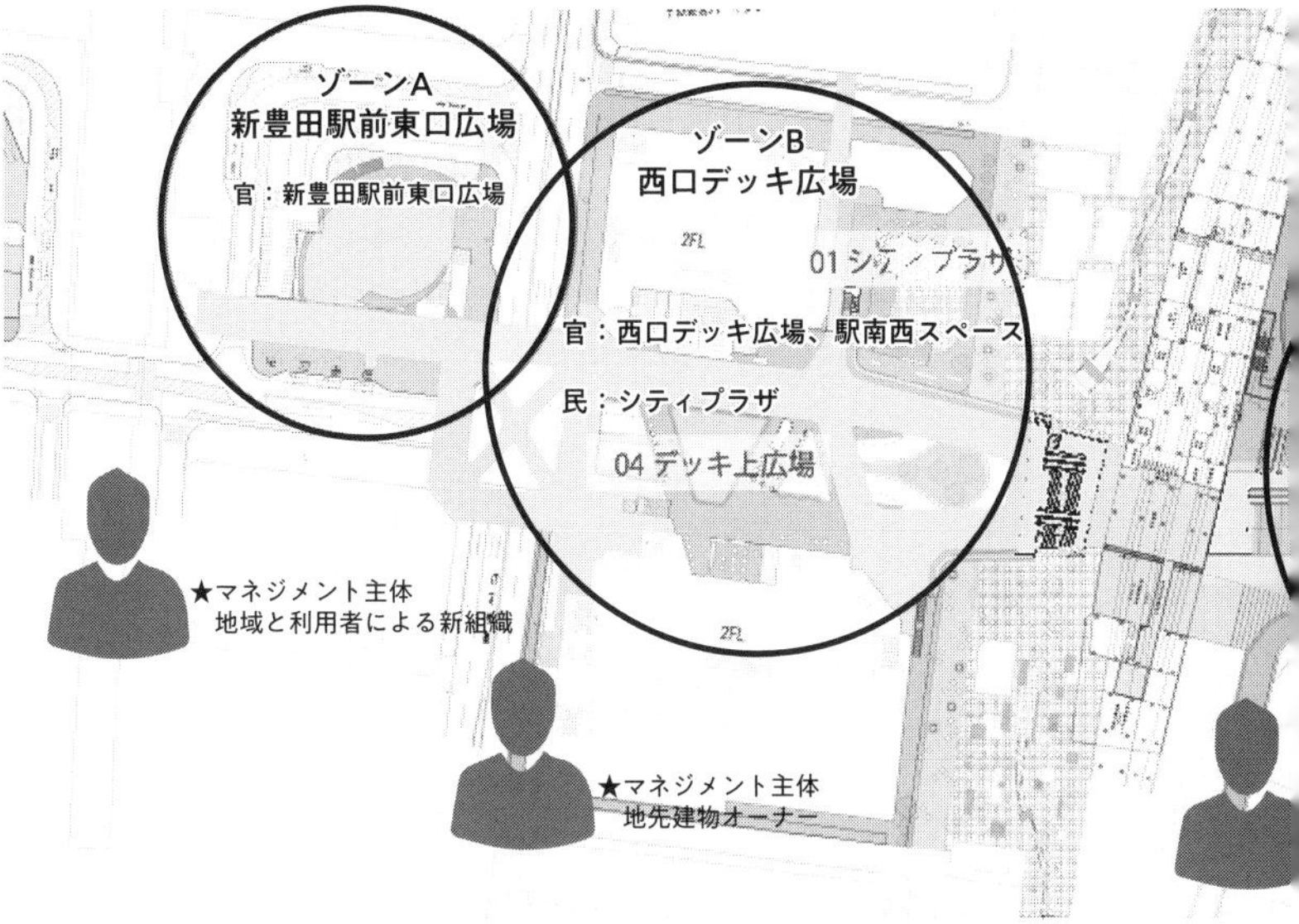

図10　豊田の身の丈に合った公民連携の考え方（出典：豊田市都心地区空間デザイン基本計画）

年10月公開)。「つくる」チームが主体となってまとめたこのデザインブックが豊田市における〈Method 10 プレイスメイキング・プラン〉と呼べるものである。

このデザインブックは、第1部「プラン編」が全体の概要版で、取り組みの理念や将来実現したいシーン、「つかう」と「つくる」の取り組みの体制と経緯、空間デザインや都心地区のマネジメントの概要がまとめられている。第2部「デザイン編」では、「つくる」チームの取り組みがまとめられており、各ゾーンの現状分析、ゾーン別のデザイン、素材の考え方、要素別のデザイン、将来的な拠点施設の提案等が盛り込まれている。第3部「プロセス編」では、「つかう」チームの取り組みがまとめられており、プレイスメイキングの考え方やあそべるPJの成果、身の丈に合った公民連携の考え方とゾーンごとの活用方針等が記載されている。

この中で特徴的な構成の一つが、第3部のゾーンごとの活用方針である(図11)。最初に対象となる公共空間の現状や特徴があり、次に活用の方針がある。そして三つ目の項目として実証実験時のプレイス・サーベイの結果があり、それに基づく提案として「つくる」チームが作成した空間デザインのイメージ・パースがある。そして最後に今後3カ年の取り組みの概要が記載されている。都市空間に関する計画の多くは現状の分析と将来の方針という二つが記載されているが、その間にLQCの取り組みを踏まえた仮説の検証が加わっていることで、その後に提案される空間デザインの内容がより説得力を持ったものとして共有される。

「なぜやるか」という思いの共有から始まった取り組みがこうした長期的な計画として位置づけ

ゾーンB　西口デッキ上広場

西口デッキ上広場は、2015,16年度の実証実験の成果に基づいた運営体制の構築と隣接する商業施設との連携によって、人々のくつろぐ風景が豊田のまちの「絵」になる場所となります。

平日休日問わず、買い物に訪れる住民や出張に来た来街者にとって「止まり木」的な憩いの場を提供します。

❶現状及び試行に基づく広場の特徴

○これまでは豊田市駅⇔新豊田駅の乗り換え客や、松坂屋、T-FACEに行く買い物客が通り抜けるだけの空間でした。
○2015,16年度の試行では、飲食店とくつろぎスペースを設置することで潜在的な滞留のニーズを発掘し、飲食店の収益で日常的な広場の管理運営を行う仕組みの試行と検証を行いました。

❷活用の方針

○多世代の市民が平日休日問わず広場でくつろぎ、人と出会い、滞留する風景そのものが豊田の街の「絵」になる空間を目指します。
○そのために必要な魅力的な飲食・物販店やその財源も還元しての広場運営には民間事業者のノウハウを活かし、行政が行うハード整備も含めた公民連携による広場づくりを行います。

❸プレイス調査の結果：試行期間中の秋・平日（2016.10.26）

○ペデストリアンデッキでは、元々約2万人/日の通行量があるため、試行で明らかになったように快適なくつろぎ空間やおしゃれな飲食店などの滞留の仕掛けがあれば、多くの人々の利用ニーズがある場所であると言えます。

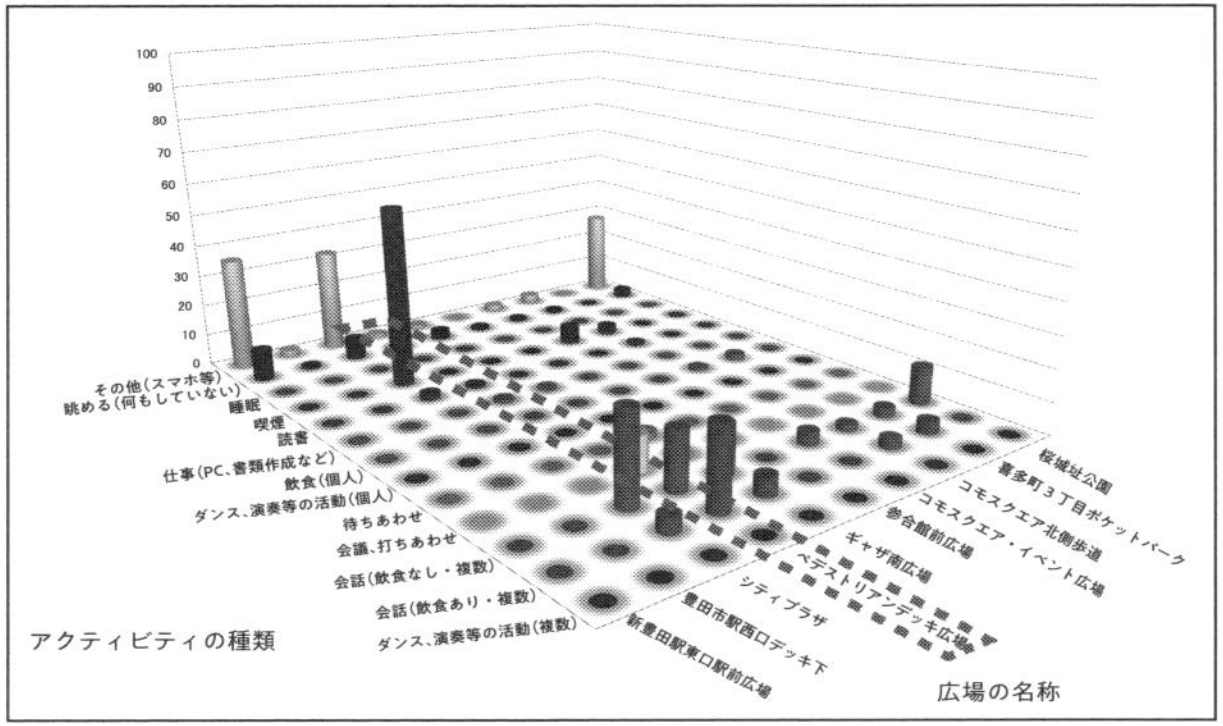

❹将来的な整備のイメージ（パース・図面）

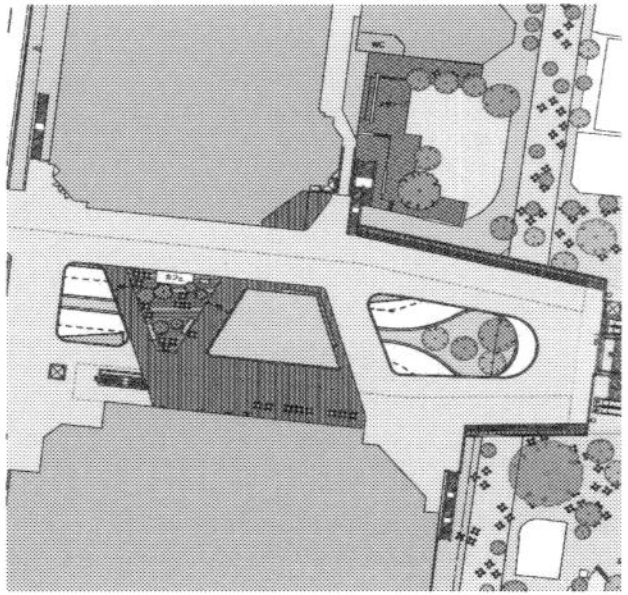

❺直近3年間のスケジュール

H28年度（2016年度）	長期での運営事業者公募による試行と検証
▼	
H29年度（2017年度）	通年を通した運営事業者公募＋空間づくりの試行と検証
▼	
H30年度（2018年度）	地先建物オーナーによる広場運営への移行
▼	
H31年度（2019年度）	デッキ架け替え・広場整備に向けた関係者調整等

図11　デザインブックのデザイン方針の一例（出典：豊田市都心地区空間デザイン基本計画）

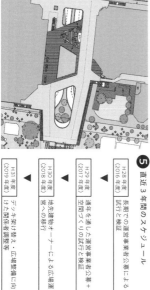

られ多く人に共有されることで、プレイスメイキングの次の展開に進む区切りになる。

Phase 10 取り組みを検証し、改善する

①デッキ広場から拠点施設へ

あそべるＰＪにおけるデッキ広場での収益事業型の実験は、もともと、都心環境計画における最大の整備である豊田市駅東口の駅前広場を運営するしくみを検討するために行われたが、２０１９年度秋からは将来の広場の一部となる旧銀行跡地で長期にわたる本格的な検証に移る。実験の目的も、これまでの「プレイヤー発掘」から「プロデューサー的人材の発掘・育成」へとシフトする。

この拠点施設の運営スキームは、公共事業で整備する東口広場の中に位置する拠点施設が公益事業としてアクティビティを支援し利用者の来街動機をつくる。そして、拠点施設に入る収益事業としてのカフェ＆バーが滞留行為を促進しつつ一定の利益を上げ、その一部を広場空間へ再投資することで持続可能な拠点施設の運営が可能になるというものである（図12）。

そのための具体的な機能として、公益事業ではさまざまなＤＩＹツールを備えた時間貸しの「アトリエ」、携帯等で収録したコンテンツを誰でも発信できる「スタジオ」、街の動きを模型やパネルで紹介する「ラボ」といったスペースの整備、さらに豊田のまちづくり活動の新たな担い手を育てる「スクール」の開催が想定されている。

そこに収益機能としてのカフェ＆バーを併設することで、日常的に都心地区に人のいる風景を

カフェ（集う）：収益事業
・広場の目印（待ち合わせや象徴）
・利用者が滞留するための動機づけ
（収益の一部を広場空間に再投資）

サロン（交わる）：収益事業
・市民や来街者の居場所
・滞留行為の受け皿（カフェの屋内客席）
・市民発の小企画実施スペース

アトリエ（生む）：公益事業
・ものづくりのシーンの見える化
・市民の来街動機の増強
・豊田ならではのシーンの創出

ラボ（伝える）：公益事業
・街の状況を可視化
・市内の多様な政策や都市デザインの情報発信
・シビックプライドを育てる拠点

スタジオ（表現する）：公益事業
・旬なローカル情報の発信
・街なかから、新しいものやこと、情報が発信されていることを見える化

スクール（育てる）：公益事業
・まちづくりの担い手の育成
・市民を「受動的な参加者」から、「能動的な担い手」へと育てていく

図12　豊田市駅東口駅前広場の拠点施設の構成と利用イメージ

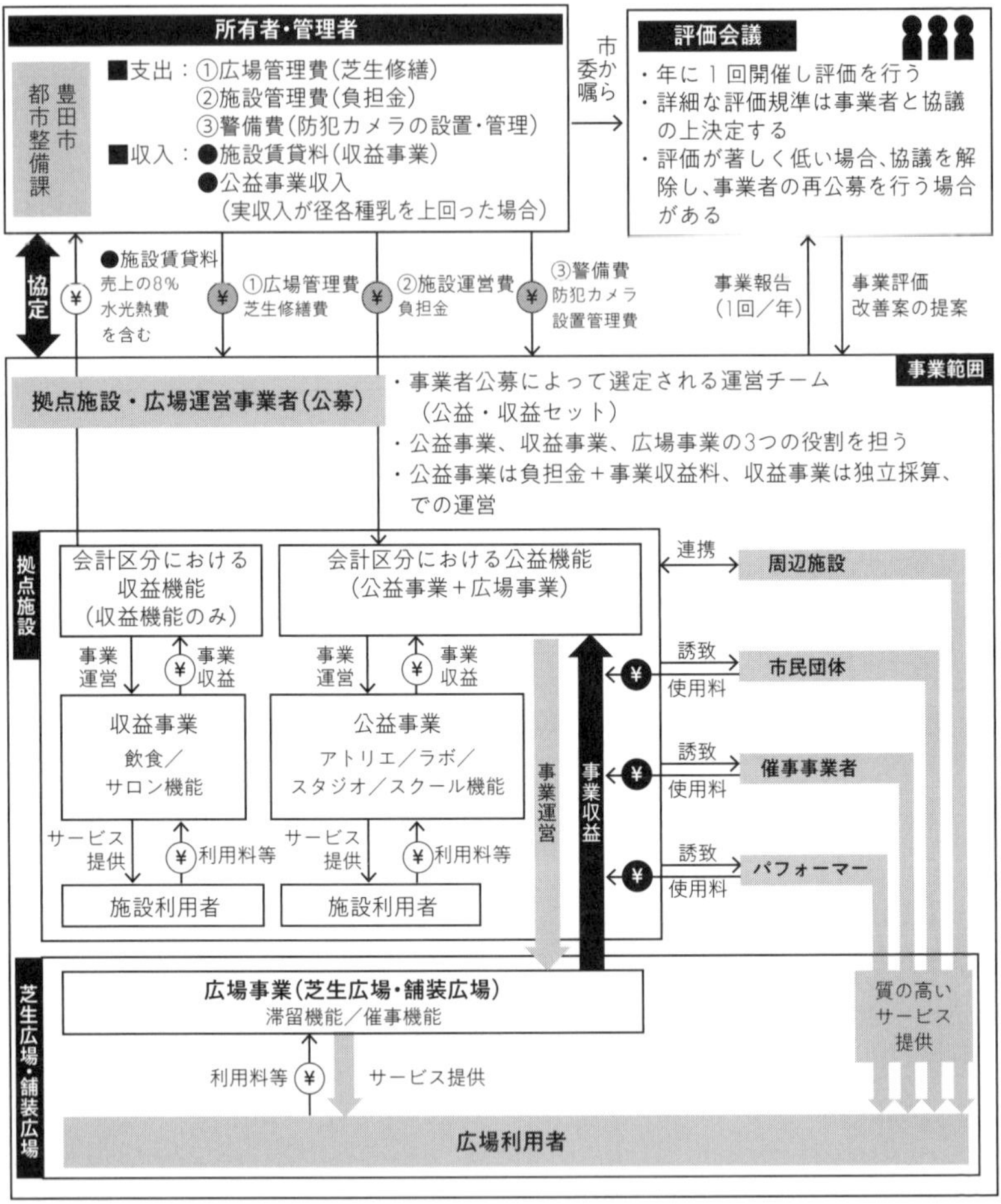

図13　豊田市駅東口駅前広場の拠点施設の運営スキーム

創出することが最大の目的である。カフェ&バーについてもあそべるＰＪでの教訓を活かし、広場や道路に向けたTo Go形態での販売窓口を残しつつ、建物内に一定数の客席を設けることで季節や天候に左右されずに営業できる環境を整えた。事業期間も3年7カ月とし、設備の投資回収期間も確保することでより本格的な検証を行える予定である。

この拠点施設も身の丈に合った公民連携のスキームで運営する予定である（図13）。市は、先に紹介した公益事業の機能と収益事業の機能を備えた約１００㎡の拠点施設の運営事業者を3年7カ月の事業期間で公募した（1年ごとに評価会議にて効果測定を行い、結果が良好な場合、最大3年7カ月、事業を継続できる）。公募の際には企画の内容はもとより、この取り組みの主旨や理念を理解し、パブリック・マインドを持った事業者を選定することが重要である。

選定された公募事業者は、公益事業、収益事業、広場事業の三つの事業を行う。収益事業に関しては独立採算とし、事業によって得られた売上の8％を施設の賃料として市に支払うしくみである。公益事業については、機能の性格上、豊田の街では収益的に成立しない可能性が高いことや広場の日常的な利用を呼び込む動機づくり、市の政策を伝えシビック・プライドを育む機能等も踏まえ、市から一定の事業費を入れて運営を行う。大きくこの二つの事業を担える地元の事業者が運営を行い、広場事業については事業者の提案も踏まえて事業の役割分担を行う予定である。

また、今回は事業期間もこれまでより長いことや事業の質を高く保つために、事業評価制度を導入する。公募の際の審査員を中心として評価会議を設立し、年に1回、事業の実施状況や収支状況、周辺施設や関連団体との連携の状況、プレイス・サーベイをはじめとした各種調査の結果等を踏まえて評価を行い、その結果が著しく低い場合には事業を打ち切り、事業者を再公募する。これによって事業者に対しても常に質の高い運営や新しいアイデアの導入等を期待することができる。また一方で、市においても事業者を単純な来場者数や売上以外の本質的な指標でいかに正しく評価できるかが求められる。

このように、市と事業者の双方が適切な役割分担と権限移譲、適度な緊張感を持って空間運営を行える環境を整えることが、プレイスメイキングの最終的な目的の一つになる。

今回設置する拠点施設は地元の木材を使用したユニット型の建築であり、「つくる」チームのエイバンバが設計している。将来的な移設先の建ぺい率等の制約から屋内空間は約100㎡と小さいが、できるかぎりシンプルで汎用性を持ちつつも各機能で発生するアクティビティを想定した使いやすいデザインを実現している。また3年7カ月の暫定活用後は、2年間の広場整備工事を挟んで最終的に参合館前広場に拠点施設を移設する予定であるため、建物を一度解体して移動し、再度組み上げて使用できる構造としている。

このような限られた条件の中でもアクティビティ・ファーストの視点で質の高い空間デザインが実現したのは、設計者のデザイン力はもちろんのこと、2016年度からの「つかう」と「つくる」のしくみで検討を共に進めてきた設計者、市(拠点施設所有・管理者)、HBPという三者の信頼関係と緊密な連携があったからこそである。

②駅前広場での実験から常設へ

デッキ広場と同じく、これまでの取り組みを踏まえて常態化へのステップを進めているのが、新豊田駅東口駅前広場である。この広場はあそべるＰＪの際にスケートボードやスラックライン等のストリート・スポーツによる活用が行われ、日常的にはあまり人通りはないものの目的性の高いコンテンツが実施できる広場として活用と改修を進めることとなった。

〈Method 9 キャラクター・マップ〉における類型で「担い手発掘・育成型」と分類したこの広場は、所有者である市が改修し、完成後の管理も基本的には市が直営で行う。しかし、改修する際に、舗装面の素材や活用に必要なインフラの仕様等、デザインの詳細は、実際にこの広場の利用者の意見を参考にしながら設計することとした。

改修にあたっては、限られた空間と予算を有効に使うため、最初からすべてをつくりこまず、第1段階は舗装やインフラ、植栽等の最小限の改修を行う。その後一度供用を開始して実際に利用するなかで浮かびあがった課題や追加の要望を精査した上で第2段階の工事を行う。この考え方を「ハーフメイド」と名づけて利用者や地域住民と共に育てていく広場と位置づけた。

そして２０１６年度末から第1段階の整備に向けた検討ワークショップを開始した。検討ワークショップのメンバーはあそべるＰＪの際にこの広場を利用したメンバーも含めて改めて公募した。その際に心がけたのは、完成後に実際に利用する人たちの意見を聞き、本当に重要なものだけを設計に反映することであった。そのため、「活用の具体的なアイデアを持っている人」という条件でコアメンバーを募集し、そのコアメンバーが必要だと感じる友人や知人を誘ってもらう形でワークショップのメンバーを設定した。

そうして集まってくれたメンバーと、2017年2月からほぼ毎月のペースで検討ワークショップを開催し、その間に二度の実証実験も実施した。ワークショップでは、最初にこれまでの取り組みや方向性の説明と共有を行い、全員で現場の広場を訪れて気づいたことや潜在的な強みを整理した。その上で、広場の特性や自身のアイデアを踏まえた活用案を提示してもらい、実際の活用企画を立案する形で使い方を検討していった。

この時にポイントとなったのは、いかにアクティビティや利用者属性の多様性を担保するかということであった。シニアチームが企画した青空囲碁将棋教室、森林組合員と子育てママチームが企画した木製遊具の設置、フットサル場の経営者が企画したストリート・サッカー大会、スケーターが企画したスケート・パーク構想等、一見一つの広場では同居しえないようなコンテンツでも、利用するスペースや時間帯を工夫して相乗効果を生みだせないか、前向きに成立可能性を探っていった。

そして、3回ほどの検討ワークショップを重ねた上で、2017年6月に2日間の最初の実証実験を開催した。この実験で検証したのは、各チームが企画した内容を実施する際に必要な空間や、電気や給排水等のインフラの必要性、利用者の反応であった。

実証実験の当日は晴天に恵まれ、非常に豊かなシーンを実現することができた（写真8）。森林組合員と子育てママチームの木製遊具企画では、豊田産の木材を使用した遊具を子どもとつくる体験型の企画に仕立て好評を得た。この広場は都市公園法に基づく公園ではないため遊具は常設しない予定であったが、移動可能な木製遊具であればイベント時や利用者が管理できる範囲で時限的に設置することも可能であることが見えてきた。

シニアチームによる青空囲碁将棋カフェでは、持ち寄った囲碁盤や今回のために製作した大型の木製将棋盤で、子どもに大人が将棋のルールを教えながら遊ぶ等、世代を超えた交流が生まれた。またコーヒーを提供してくれるメンバーがいたことで、親がコーヒーを飲みながら、遊び回る子どもをゆっくり眺める微笑ましいシーンもあった。

アウトドアチームのデイキャンプ企画では、土の残るエリアにアウトドアメーカーの協力を得て借りてきたハンモックやテント等を設営した。この企画では、土の部分を広場内に残すことでペグが打ち込めることに気づき、改修の際にも一定面積の土と芝生のエリアを残すこととした。

ストリート・サッカーの企画でも、弾まないボールを使用しギャラリーがコートを囲むことで、道路が近い広場でも安全にボール遊びができる可能性が示された。そしてスケートボード・パークの企画では、スケートボードチームのリーダーである福井祐平氏の「パークをつくるプロセスに参加することで、一般のスケーターや子どもたちにも愛着を持ってもらいたい」との発案で、初日にランページ（曲面の滑走面）の子ども向けペイント・ワークショップを行い、2日目に来場すると自分がペイントしたランページで滑ることができるという企画を実施し好評を得た。スケートボードについてはもともと反対する近隣の声もあったが、実際に実証実験で開催したキッズスクールで

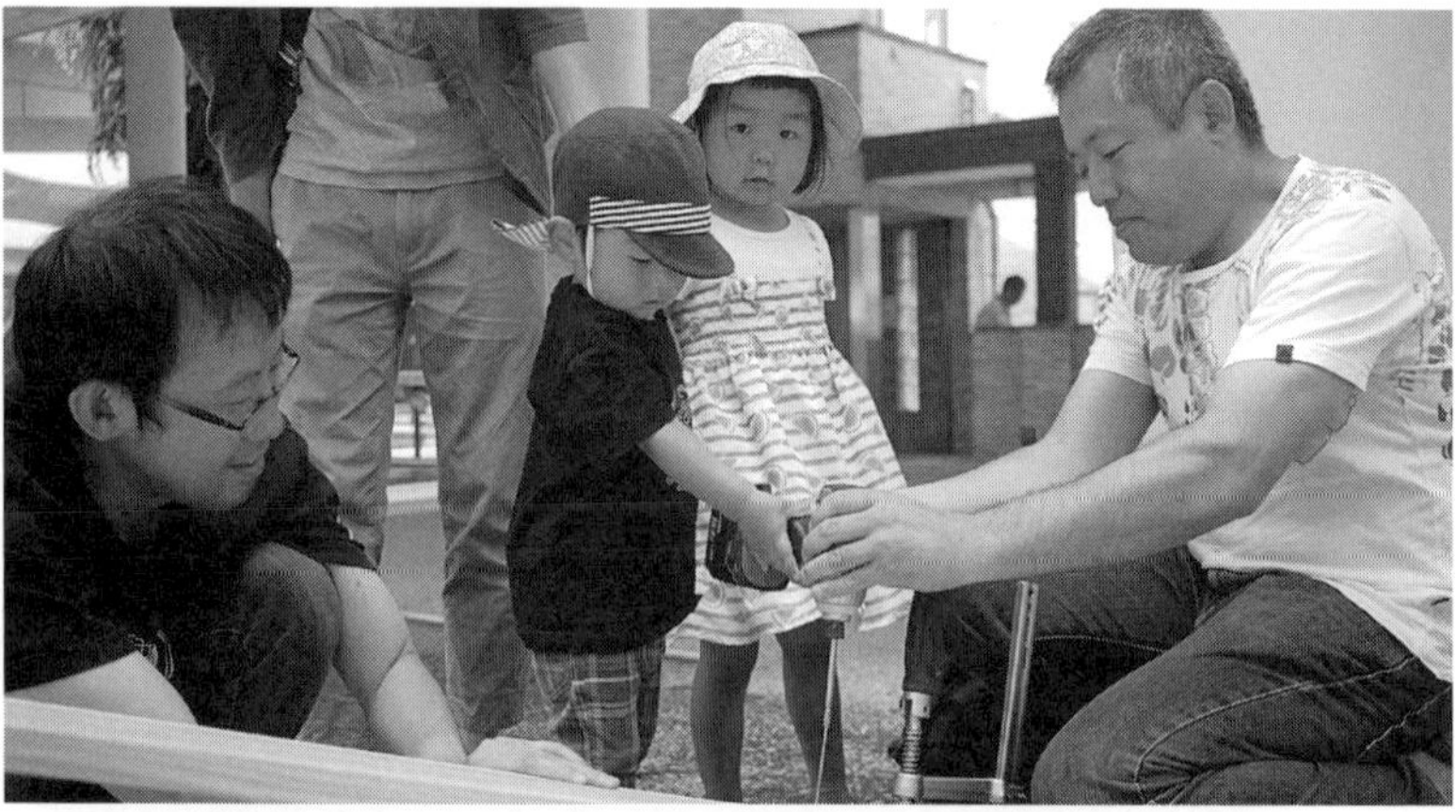

写真8　新豊田駅東口駅前広場での第1回の実証実験

印象が変わった人もいた。このように初回の実証実験では想定以上の収穫が得られた。

初回の実証実験の結果を踏まえ、夏から冬にかけてのワークショップでは改修案のプランを検討した。ここからは「つくる」チームにも参加してもらい、各チームの企画で必要な面積や設備等を分解しながら、アクティビティ創出に必要なデザインの要素を探っていった。その結果、設計者である「つくる」チームの日建設計シビル(当時)の大藪善久氏が空間の要素を四つに分類した(図14)。

一つ目は樹木と芝生である。もともとこの広場の半面程度の面積は芝生や木々が植えられた植栽帯であった。これは緑の少ない都心地区において貴重であると同時に、アウトドアチームの知見からも一定の土のエリアを残すことで活用の幅も広がる見込みがあった。

二つ目はコンクリート＋段差である。コンクリートの舗装を望んだのはストリート・サッカーとスケートボードのチームだった。これらのスポーツを行う際には平坦で硬い床が必要であり、特にスケートボードは街なかで綺麗に打たれたコンクリート面を探すのは難しい。そのため、今回の改修で広場の3分の1程度の面積をコンクリート敷きにすることにした。

三つ目は芝生エリアよりハードな土舗装である。木製遊具の設置や青空囲碁将棋を行う際のテントやパーゴラの設置等、比較的大きなファニチャーの設置・撤去の際、広場の床面がタイル等の固く傷つきやすい素材だと破損しやすくなることから、残りの3分の1の床は土舗装とすることにした。

また、インフラ設備については、イベント用電源の設置や給排水の引き込みが要望された。このうち電源と給水設備については新設し、次回の試行の際にその設置位置を検証することにした。

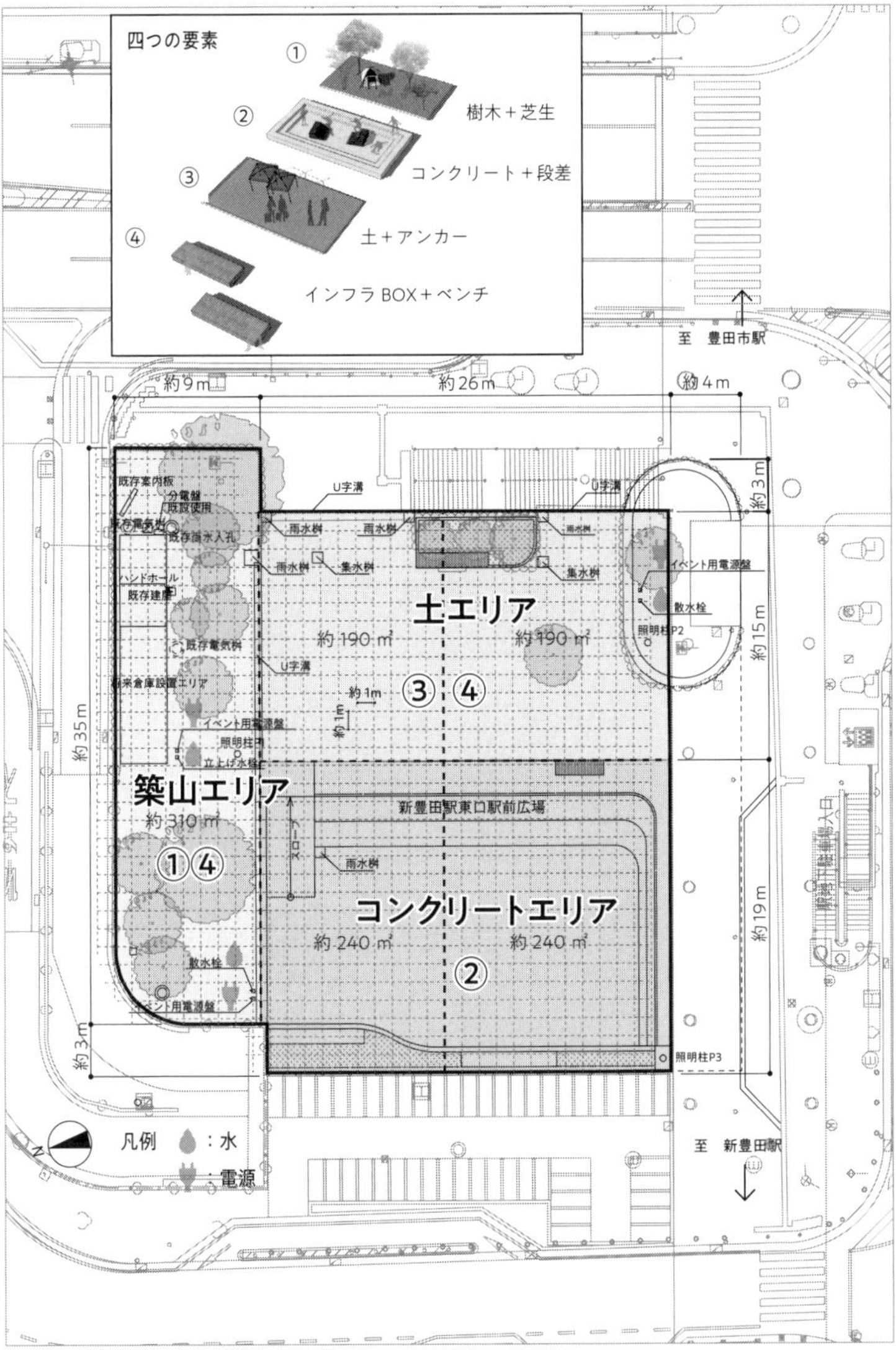

図14　新豊田駅東口駅前広場での実証実験を経て抽出された四つの要素（上）とそれを反映した平面計画（下）（出典：新とよパーク・使いこなしブック）

既存樹を使った
ハイジのブランコ
電源は市の公用車
プリウスPlug in Hybrid
の
材の木製遊具＆
ートファニチャー
ハンドドリップ
のコーヒー屋さん
実証実験
田
S T
T E
R K
.4.Sun
大判の木製将棋盤
青空囲碁教室

写真9　新豊田駅東口駅前広場での第2回の実証実験

しかし、排水設備に関しては広場の地下が駐車場であり、工事に相当の費用がかかり技術的にも対応が難しいことから、第1段階の整備内容には含めないことにした。

このように丁寧に必要な要素を読み解いて検討した設計プランをもとに、2018年3月に再び実証実験を行った（写真9）。今回検証したのは、「つくる」チームが作成した設計プランに合わせて各コンテンツを実施した際の収まりや使い勝手に問題がないか、制度面でハードルとなることがあるか、各種の許認可手続きの流れを共有できているか等である。

今回の実証実験でも前回と同様のコンテンツで実施しつつ、さらに活用の幅を広げた企画が実施された。木製遊具チームでは、前回は子ども向けのシーソーやジャングルジムのみであったが、今回は大人向けのハンモックチェアや4人掛けのテーブルセット等が追加された。アウトドアチームは既存の芝生エリアで平らな面を一定程度確保できるかを確認しながら、BBQならぬ屋外鍋パーティを企画し、火気の使用もできると遊び方の幅が広がることを確認した。スケートボードチームはキッズスクールと合わせて大人のスケーターがプレイする時間も長くとり、限られたスペースでも利用者の動線に問題がないか、といった点を確認した。

このように2回目の実証実験も、火気の使用や電気容量等、新しい項目を把握することができた。ちなみにこの2回の実証実験では、市側では一切費用を負担していない。遊具の木材やスケートボード・パークの資材、そしてトラックによる搬入もすべてワークショップ・メンバーの自己負担で実施している。そのかわり、市では実証実験を経て出された改修提案を最大限プランに反映し、活用の制約となっている制度についても可能な限り緩和する方策を検討することを約束している。

本質的な市民参加や公民連携とは、行政が予算も場も用意して反映可能性の低い内容について「市民にご意見を伺う」ということではなく、行政の歳出削減のために公共性・公益性の高い事業を民間企業に丸投げすることでもない。お互いの立場や状況の中で得意分野や協力できる内容を出しあい、対等かつ適切な役割分担を行うことが真の公民連携の第一歩である。

ここまで見てきたような複数回のワークショップと実証実験、そしてそれを踏まえて「つくる」チームがデザインしたプランに基づいて、2018年秋から広場の工事が行われた。

そして工事期間中には、もう一つの重要な要素である運営のデザインに関する検討を実施した。2017年度の2回の実証実験の成果をもとに、活用の幅が広げられるよう、この広場についても道路区域を外し、地方自治法に基づく市の普通財産とした。そして、公物管理法が変わることに伴い、広場の利用ルールも独自の運用基準に基づいて作成し直すことにした。検討の重要項目は、火気の使用、スケートボード、ボール遊びを禁止しないことであった。

この3点をこの広場で行っても、新しく作成する運用基準の禁止事項に記載しなければ、法制度上は基本的に問題ない。しかし、実際には近隣からクレームが多発したり、他の広場や公園との違いについて説明を繰り返さなくてはならない等、運用上支障が出ることは明らかであった。そのため、禁止事項として記載しないことと合わせて、ワークショップ・メンバーを中心とした利用者組織「新とよパーク・パートナーズ」（以下、パートナーズ。「新とよパーク」は、リニューアルを

図15　新豊田駅東口駅前広場の独自の利用ルールを伝える看板

写真10　新豊田駅東口駅前広場ではスケートボードや火気の使用ができる

機に新たに設けた広場の愛称）を立ち上げ、そのパートナーズが市の担当課と連携しながら運営する体制とし、ルールではなく秩序や自治意識に基づいた運営をしていくことを目指した。そして、運営体制も含めた新しい広場に関する利用のガイドラインを「新とよパーク・使いこなしブック」という形で作成し、一般向けにも公開することとした。また、その理念を伝える看板を現地に設置した（図15）。その効力がどのように発揮されるかは今後の実践の中で試されるだろう。

ハードが2段階整備であるように、運営ルールについても試行的に運用し、毎年見直すことにしている。このように、手間はかかっても最初からすべてを決めすぎず、実際の運用の中で多様な関係者の理解を得ながら信頼関係を構築し、その場所にとって本当によい環境を生みだすための工夫を繰り返すことも、プレイスメイキングの重要な要素である。

ここまで解説してきた経緯を経て、新豊田駅東口駅前広場は2019年4月に第1段階の供用開始を迎えた（写真10）。この広場が今後どのように育っていくのか、筆者も引き続き見守っていきたい。

3 プレイスメイキングの体系

最後に、豊田市のあそべるとよたプロジェクトの取り組みを改めてプレイスメイキングのプロセス・デザインのフェーズに沿って整理する（図16）。

Phase 1	**「なぜやるか」を共有する**
	都心地区の再整備に合わせ、街の主役を「車から人へ」と転換し、駅前に人のいる風景を創出する
Phase 2	**地区の潜在力を発掘する**
	検証の舞台として、地区内の既存の公共空間を選定する
Phase 3	**成功への仮説を立てる**
	既存空間の活用を通し潜在的なニーズを把握する
Phase 4	**プロジェクト・チームをつくる**
	試行実験に向け、専門家と管理者および地元組織による協議会をつくる
Phase 5	**段階的に試行する**
	利用者が活用しやすい環境を整えた上で複数の空間で試行実験を行う
Phase 6	**試行の結果を検証する**
	アクティビティの多様性や滞留時間を切り口とし本質的な検証を行う
Phase 7	**空間と運営をデザインする**
	デザイン監修を行う「つくる」チームと「つかう」チームが連携し、空間デザインを検討する 対象となる空間ごとの特性に合わせた運営の方法と改善の方針を立てる
Phase 8	**常態化のためのしくみをつくる**
	身の丈に合った地区のマネジメント方針を立案する
Phase 9	**長期的なビジョン・計画に位置づける**
	取り組みの意義や今後のデザイン方針をまとめた行政計画を策定する
Phase 10	**取り組みを検証し、改善する**
	計画に掲げた内容を対象空間の性格ごとに具体化し、本格的な整備を行う

○ **プレイスメイキングの10Phase**

プレイスメイキングの取り組みを戦略的に展開するためのプロセス・デザイン・ガイドライン

Phase 1：「なぜやるか」を共有する
Phase 2：地区の潜在力を発掘する
Phase 3：成功への仮説を立てる
Phase 4：プロジェクト・チームをつくる
Phase 5：段階的に試行する
Phase 6：試行の結果を検証する
Phase 7：空間と運営をデザインする
Phase 8：常態化のためのしくみをつくる
Phase 9：長期的なビジョン・計画に位置づける
Phase 10：取り組みを検証し、改善する

←第1段階：取り組みの準備（Phase 1〜5）→ ←第2段階：試行して計画を練る（Phase 5〜8）→ ←第3段階：価値を定着させる（Phase 8〜10）→

【プレイスメイキングの10Method】

	Phase 1	Phase 2	Phase 3	Phase 4	Phase 5	Phase 6	Phase 7	Phase 8	Phase 9	Phase 10
Method 1 チェック・シート		● 街歩き＋空間評価								
Method 2 ザ・パワー・オブ10		● 街歩き＋対象地選定								
Method 3 ストーリー・シート			● 関係者によるブレスト							
Method 4 ステークホルダー・マップ				● マップ作成→協議会組成						
Method 5 サウンディング				● 管理者・事業者ヒアリング＋フォーカス・グループ						
Method 6 簡単に、素早く、安く					● あそべるとよたDAYS＋デッキ広場活用事業					●
Method 7 フィードバック・ミーティング						● 振り返り会＋管理者ヒアリング				●
Method 8 プレイス・サーベイ						● プレイス・サーベイ（従前・従後／年間8日）				●
Method 9 キャラクター・マップ							●	● 四つの活用方針（広場の型）		
Method10 プレイスメイキング・プラン									● デザインブック	

【計画プロセスに参加する関係者】

	Phase 1	Phase 2	Phase 3	Phase 4	Phase 5	Phase 6	Phase 7	Phase 8	Phase 9	Phase 10
A：取り組み主体（住民・行政・企業 等）	■	■	■	■	■	■	■	■	■	■
B：専門家（建築家・都市コンサル 等）	■	■	■	■	■	■	■	■	■	■
C：地権者（個人・法人・不動産会社 等）				■	■	■	■	■	■	■
D：協力事業者（商店経営者・地元デザイナー 等）	■	■	■	■	■	■	■	■	■	■
E：地元団体（自治会・地域協議会 等）				■	■	■	■		■	■
F：行政（市役所 等）				■	■	■	■	■	■	■
G：近隣住民（暮らしの基盤がある人々）					■		■		■	
H：近隣就業者（主に平日に訪れる人々）									■	
I：来街者（主に週末に訪れる人々）					■					

※凡例 ●：そのフェーズで用いられたメソッド ■：参加した関係者

図16 豊田市あそべるとよたプロジェクトの体系図

4 空間から居場所への変化

最後に、豊田の都心地区におけるプレイスメイキングの取り組みで生まれた定量化できない成果の一例をご紹介したい。

デッキ広場で実施された実証実験2年目の6カ月間で、カフェ&バーの常連客の間で9組のカップルが生まれ、中には結婚まで至ったカップルもいた。何気なく立ち寄れ、偶発的な出会いをもたらす豊かな公共空間が持つ価値の集大成のような成果である。

これまで豊田の街では若者に人気のある場所は非常に限られており、休日になると電車で1時間弱かけて名古屋に出てしまう若者が多かった。しかし、デッキ広場の環境が変わったことで、このカフェ&バーの常連客が多様な人との交流を楽しむなかでこのような出会いが生まれたのである。

さらに、聴覚障害を持った常連客は、言葉が話せないため当初は店員ともジェスチャーでコミュニケーションをとっていた。ある日、この客が隣の客にビールを一杯おごった。するとその隣の客はありがとうと聴覚障害を持った常連客と乾杯をし自然な交流が生まれた。これを機に、この常連客は店員や他の常連客とも仲よくなり、実験期間が終わる頃には店員も手話を覚えて会話ができるほどになった。街のなかで自然とこうした交流を楽しめる人たちが集う場を提供することができたのである。このような定量的には測れない成果こそ、プレイスメイキングを行う真の目的である。

豊田市で取り組んでいる一連の取り組みで、街なかにあった「空間（Space）」が少しずつ「居場所（Place）」として育ちつつある。街のさまざまな場所が多様なアクティビティや属性を持つ人々の受け皿となることで、そこに暮らす人々の生活の質を向上し、街への愛着を醸成する。そして、そのプロセスに携わることで「自分も街にコミットしている」という実感が生まれ、精神的にも豊かになっていく。これからの時代に人が暮らしたいと選ぶのは、このような「居場所（Place）」がたくさん散りばめられた街に違いない。

INTERVIEW 1

なぜ、豊田では本質的な公民連携が実現できたのでしょうか？

栗本光太郎（豊田市都市整備部部長）

――まずは栗本さんの市役所でのこれまでの職歴を教えていただけますか。

栗本　もともと土木職で入庁し、区画整理、道路、都市計画という部署を歴任した後、経営戦略室に移りました。その際に、これまでの専門的な1点を考える環境から横断的・俯瞰的に物事を見つめる環境に変わったことで、都市政策というのは街全体の物語の中で考えることが重要なのだと気づきました。

――プレイスメイキングとの出会いはどういう経緯だったのでしょうか。

栗本　経営戦略室で、都市計画課時代から関わっていた都心環境ビジョン（都心環境計画の上位構想）の策定に携わり、ビジョン検討の有識者委員になっていただいた山下裕子さん（まちなか広場研究所代表）の紹介で泉英明さん（有限会社ハートビートプラン代表）と園田さん（筆者）と出会いました。そして皆さんとの議論の中でプレイスメイキングという言葉を知りました。

――その後、2015年から私たちも関わることになり、初年度に「あそべるとよたプロジェクト」を立ち上げましたが、立ち上げ当初はどのように感じていましたか？

栗本　最初はあそべるPJで公募をしても、本当にプレイヤーが集まるか不安でした。ただ、最初に市職員や街の関係者の皆さんと実施した「ふれ愛フェスタ」でのLQCの取り組みを通じて、主体的に取り組んでくれる何人かのメンバーと出会い、こういう人たちがいてくれれば、チャレンジしていけるかもしれないという実感が生まれました。

――あそべるＰＪの取り組みでは結果的に多くのプレイヤーの方に応募いただき、その中で最も評判のよかったデッキ広場での飲食提供を可能にしたのが、対象空間の広場化（道路区域から除外し、市の普通財産として運用）でした。その経緯を教えていただけますか。

栗本　豊田市内で最も通行量の多いペデストリアンデッキの空間をもっと使いやすくできないかという意見は、民間事業者や庁内でも以前から出ていました。当時は都市再生特別措置法による道路占用許可の特例制度等が各地で実施されており、豊田でも特例措置で規制を緩和できると考えていました。

しかし、特例制度を用いると道路法の規制（無余地性の基準）は緩和されますが、道路交通法の対象であることには変わりなく、イベントごとの道路使用許可の手続きや滞留行為創出のための建築物・工作物を常設することも依然としてハードルが高い状況でした。そのため、根本的な解決を図るためには道路区域指定自体を外す必要がありました。

――なるほど。ただ、道路区域を外すことはそう簡単なことではありませんよね。

栗本　いきなり道路区域を外すことを道路管理者（市）や交通管理者（警察）と協議するのは難しいので、まずは道路占用許可と道路使用許可を得た上で椅子やテーブルのみを設置し、実際に人の流れがどう変わるのか、通行の動線に影響のない範囲はどこなのかを映像等で記録し検証しました。そうした検証結果をもって、道路区域を外す範囲を定め協議を始めました。協議は当然一筋縄ではいかなかったものの、民間事業者や関係者の強い思いと後押しを受けて協議を重ね、最終的には道路管理者、交通管理者の理解を得て道路区域を外せることとなりました。

――やはりまずは小さな実験からトライして、検

証結果を持って話をすることが重要なのですね。

栗本　確かに、事実をもとに物事を進めることは、公的機関に対しては非常に有効ですね。ただ、この話はそれだけでは終わらないのです。

実は道路区域を外して広場化した後も、交通管理者（警察）から「実態として人が通行できる空間であれば道路交通法の適用範囲である」という指摘を受け、広場の外周をベルトパーテーション等で囲うよう指導がありました（囲うことにより一般交通の用に供しないと解釈できるため）。運用当初はやむなく囲っていましたが、広場内に飲食提供施設を設置し運営事業者が常駐するようになってからは、その事業者が広場の運営管理も担うことを条件として、仕切りを植栽やベンチ等の広場に置いて違和感のないものに変更して運用しています。広場所有者・管理者である行政と現場の運営管理を行う事業者とで互いに前向きなアイデアを出しあい、よりよい対応を実現しました。

——このようなあそべるＰＪをはじめとした取り組みによって、豊田の街にどのような変化が起きたましたか。

栗本　まずは、今まで受動的であった市民の方が、実際に街なかの公共空間を能動的に使うようになりました。

もう一つは、デッキ広場に常設的な飲食施設と広場ができたことで、そこに行けば知りあいと出会う機会が増え、新しいイベントの企画や活動の種が自然に生まれるようになりました。企画を立案・実施する人⇔観る人という関係ではなく、誰もが企画を立案・実施する人になれることは非常に価値があり、その価値を拡張するのが、今取り組んでいる豊田市駅東口の時限的広場と拠点施設の事業です。

——そうした能動的な公共空間活用の企画の中でもインパクトが大きかったのが、２０１７年度に開催した日本初の公道でのＦＭＸ（フリースタイルモトクロス）イベントですね。

栗本　当時、デッキ広場の実証実験で〇七《まるなな》商店を運営されていた神崎勝さん（有限会社ゾープランニング代表取締役、234頁参照）を中心に、新しい再開発ビル（K・iTARA）のオープニングの際に公道でFMXイベントをやりたいとの打診がありました。

市としては許認可を得るための協議は行うが費用負担はしない「あそべるPJ方式」であれば検討できると伝えたところ、彼らは実行委員会を立ち上げ、スポンサーや協賛を募り、クラウドファンディングも活用して必要な資金を調達した。そして日本で初めての公道でのFMXイベントを実現させたのです。

この時、私はこれまで取り組んできたあそべるPJの取り組みの一つの真価を感じました。自分たちや周りの人が楽しめる企画を本気で考え、企画の価値に共感してくれる協力者と資金を集めて実現する民間事業者や市民がいる。それに対して行政マンである私たちは、その企画のハードルとなる法律や制度をクリアする方法を考え、協議を行い、裏から企画の舞台を整える。このように、お互いに敬意を払いながらそれぞれの得意分野を最大限に活かして今までになかった体験を街に生みだしていくことこそが、本当の意味での公民連携なのではないでしょうか。

――豊田式プレイスメイキングとして取り組んできたあそべるPJの最大の成果は何だと思いますか。

栗本　最近、駅前を歩いていた時に、2人組の女子高生がこんな会話をしていました。「最近、豊田の街ってなんか変わったよね。前より友達に会うことも多くなったしね」と。きっと彼女たちはあそべるPJのこともプレイスメイキングのことも知らないと思いますが、そんな人たちも街が変わったと感じてくれているというのがとても嬉しかったです。

あそべるPJの取り組みを通して、誰もが自由に公平に街の空間や資源を使える状況が生まれました。何かをしたいと思った市民が、実際にそれを実現できる場としくみをつくれたことが、あそべるPJの最大の成果だと感じています。

INTERVIEW 2 神崎勝（有限会社ゾープランニング代表）

誰もがチャレンジできる街は、どうすればつくれますか？

――まずは神崎さんのこれまでのご経歴を教えていただけますか。

神崎　僕は情報系の短大から辻調理師専門学校、飲食店への就職を経て、地元・豊田でウェブ製作・デザインの会社を立ち上げた。そして、たくさんのご縁もあり、夢でもあったレストランバー「ドープ・ラウンジ」を経営することになり、現在に至ります。

――神崎さんがドープ・ラウンジを始められて1年くらいたった2015年に、あそべるPJの取り組みに協力してもらえないかと相談をしたのが、僕たちとの最初の出会いでしたね。

神崎　最初は正直怪しいなと思った（笑）。地元の人でもないし、コンサルという職種の人もこれまであまり接点がなかったしね。でも話しあいを重ねて自分たちの思いを伝えていくうちに泉英明さんや園田さんとも考え方の共通点を見いだせたことや、おかしいものをおかしいと正直に言える人たちだと思えたことで、信用できるようになった。あそべるPJの公募で選んでもらってデッキ広場で第1期目の店をやる時も、泉さんに「本当にかっこいいものつくれますか？」と焚きつけられて「絶対想像以上のものつくってやる」と思っていた（笑）。

――最終的にあそべるPJの取り組みにチャレンジしようと決断されたきっかけは何だったんですか？

神崎　僕らは、いろんな人や企業の協力を得て10年以上前から続けてきた「トヨタロックフェスティバル」（以下、トヨロック）や、地元の仲間で毎年やっている「橋の下世界音楽祭」（以下、橋の下）みたいに、自分たちが面白いと思える企画をこれまでもいろいろやってきました。

だけど、２０１５年当時、豊田の街にはそういう自分たちが「面白い」と思えるものがまだまだ少なくて、自分の店やデッキ広場の取り組みを通じてそういう時間や空間を増やしていきたいと思った。だから、最初は街のためにやろうなんて正直思っていなかったし、とにかく誰もやっていないことにチャレンジしたくて。仲間が楽しめて自分も楽しめる、まぁ、自分本位の考え方でしたね。

そんな思いでチャレンジしてきたけど、第3期のあそべるPJで、デッキ広場に来てくれる人や楽しそうにしている若者たちを見ていて、もしかしたら自分たちのやっていることは、結果的に豊田の街にも少しは役に立てているのかなと思った。それからは自分たちのやっていることを通して「街への責任」を果たすみたいなことも多少感じるようになりました。

――確かにまずは自分や仲間が面白いと思えることからとにかく始めてみる、という感覚は大切ですよね。でも実際に屋外の広場とコンテナの店舗を運営するのは、楽しいことだけじゃないですよね。

神崎　そりゃもう過酷だよ！　コンテナの中なんて夏は蒸し風呂だし冬は冷蔵庫だしね（笑）。第1期の時はすべてが手探りだったから、空間づくりもハードだったし運営も普通の屋内店舗と違ってすごく大変だった。しかも儲かるわけでもないしね。

でも、僕やスタッフを含めたチームは、儲かる／儲からないよりも、もっと大切なものがあることを共有できていて、みんなが暮らす街のど真ん中で自分たちの企画をチャレンジできることだったり、普通の店舗ではない公共空間という場所だからこそ出会える人たちがいることだったり。

そういうことを実感するにはやっぱり現場が一番。デッキ広場の店に関しても、僕は単なるオーナーではないし、スタッフも単なるバイトじゃない。だから、スタッフも僕も催事の企画者も、みんなで現場に出て行ってどうやったらこの場所がもっと面白くなるかを真剣に考える。そういう大変なことも引き受けてやっているからこそ、公共空間で事業をやらせてもらえるわけだし、来てくれた人に喜んでもらえるものや新しいものが生まれるんだと思う。

――そういう神崎さんたちの思いはお客さんにも伝わり、ただ飲んだり食べに来るのではなく、店のスタッフの方に会いに来る人も多かったですね。

神崎　店舗のスタッフは、これまでもイベントやドープ・ラウンジを一緒に支えてきてくれた仲間で、彼らが思いや覚悟を持ってやってくれているからよい店ができるし、その空気感が伝わって仲間やお客さんが店に集まってくれるのは嬉しいことですね。

これからまた街なかでチャレンジする時には、これまであまり街で過ごしていなかった若者や障害を持った人たちの居場所をつくりたい。それがまた豊田の街の懐を拡げることにもなるだろうし、そのためには志や覚悟を持って僕らと一緒にチャレンジしてくれる新しい仲間を見つけなくてはいけない。

――豊田式プレイスメイキングとして取り組んだあそべるＰＪの一番の成果はどのようなものだと感じていますか。

神崎　豊田の街はトヨタ自動車の企業城下町というだけじゃなく、古くからの歴史や伝統的な祭りもあるし、地元の先人たちが築いてきてくれたまちづくりの取り組みもある。一方、僕らも「トヨロック」や「橋の下」、「モーターキャンプ」なんかを含めて、今豊田に住んでいる人が楽しめる新しいチャレンジをしてきた。そういう活動を起こすマインドの輪みたいなものが、あそべるＰＪをきっかけにさらに広がっている。これまでの歴史や先輩たちの活動には敬意を払った上で、自分たちの世代も新しい豊田の街の文化を生みだしていけるかもしれないという希望を、感じられるようになってきました。

あとは、デッキ広場の実証実験にしても公道でのFMXイベントにしても、真剣に向きあってくれる行政の人たちと信頼関係を築けたからこそ実現できたものです。僕らだけがやりたいって言っているだけでは絶対できないことだったから。市役所の都市整備部の栗本光太郎さん（230頁参照）や、第1期のあそべるPJを一緒にやった羽根博之さんや田中真美子さん、西川雄太さんたちもすごく心強かった。僕らの仲間には、大量にピアスあけていたり、しっかりタトゥーが入っている奴もいるけど、偏見を持たずに真剣に向きあってくれました。

「公民連携」とか最近言われているけど、要は信頼関係を築ける人間同士がお互いの得意分野を活かして一つのプロジェクトを成し遂げようとする姿勢が大切なんじゃないかな。行政だろうと民間だろうと根本はみんな一緒なんだし。

――最後に、これからの豊田の街に対して考えていること、やっていきたいことはありますか。

神崎　今までやってきたような「ゼロから新しいことを立ち上げていく」というチャレンジはこれからもやっていきたいけど、この歳になるとそういうマインドや環境をもう少し下の世代にもつないでいきたいという気持ちが出てきた。次の世代の人たちにも「豊田の街は自分たちもチャレンジできる場所なんだ」と思ってもらいたいですね。

さっきも言ったけど、僕らだってすべてを「街のために」と思ってやっているわけじゃない。自分や家族を養うために当然稼がなきゃいけない。ギリギリで活動をやりながらも、少し視野を広げて考えると、自分のやっていることが街をもっと楽しくさせられるという可能性を見つけられる。「あいつとは合わない」とか「条件が悪いから」とかいう小さい次元を超えるやりがいや面白さがあることを見せてあげたい。そういうポジティブな感覚を次の世代が持てるような環境を僕らの世代がつくっていかなきゃいけないと思っています。

DATA

所在地	神奈川県小田原市
市　域	約114㎢
人　口	約19万人
タイプ	地方都市の中心市街地
主　導	市民団体、地元商店街、地元事業者、市
実施年	2014年～

2016年

PROJECT 2

小田原 Laboratory.

誰でも始められる空き地の活用

小田原の街に豊かな暮らしの風景を増やすことを目的に筆者が中心となって設立した任意団体「小田原 Laboratory.」は、大学の都市デザイン系研究室の学生、民間企業の若手実務者、市役所の若手職員から構成され、市民活動として草の根からのプレイスメイキングの実践と波及を行っている。

2014年

1 背景：小田原の街に豊かな暮らしの風景を増やしたい

小田原市は神奈川県のほぼ南西端に位置する特例市で、戦国時代には5代にわたって北条氏が国を治め、江戸時代には小田原藩の城下町および東海道小田原宿の宿場町として栄えた。現在は小田原城を中心とした観光、小田原提灯やかまぼこ等の名産品を中心とした産業があるが、人口は減少傾向にあり、街なかでの再開発や新たな娯楽施設の建設が進んではいるものの、街全体としてはやや元気のない状態であった。

しかしながら、筆者が関わり始めた2014年頃は、市が三大事業を中心として掲げた都市再生プロジェクトが動いており、街なかでも地元の不動産会社や若い事業者によるリノベーションと新事業の立ち上げ等の動きが活発になり始めた頃で、これから街が動きだす予感があった。

大学時代の同期であった市の職員から庁内研修の講師の打診をもらい、単なる勉強会でなく、小田原の街を舞台にしたプレイスメイキングの実践をやってみようという話が動き始めた。当時、大学院の博士課程に在籍していた筆者は、市職員の同期と連携して母校の都市計画系研究室に所属する学生や市役所の若手職員有志、同年代で組織していた都市デザイン研究会の民間若手実務者らに声を掛け、2014年に任意団体として「小田原 Laboratory.」（以下、ラボラトリー）を設立した。

ラボラトリーのメンバーを中心にプレイスメイキングの手法とプロセスを踏まえた活動を開始し、史跡の整備用地の空き地活用や地元の商店街組織が主催する軽トラ市での空間演出等を実践してきた。豊田市の例のようにそれらの取り組みを常態化する段階までは行き着いていないが、「この指とまれ」方式で誰でもゼロから始められるプレイスメイキングの一つの実例として紹介する。

2 プレイスメイキングのプロセス

Phase 1 「なぜやるか」を共有する

背景で触れたように、小田原の街には城や名産品、それを製造する商いを営む昔ながらの家々や街並み、そして若い人たちが起こした新しい事業等、多様な潜在的な魅力が存在していた。また、ラボラトリーを設立した当初は「三大事業」と呼ばれる「小田原駅東口お城通り地区再開発事業」「芸術文化創造センター整備事業」「小田原地下街再生事業」という三つの事業が動いており、ハード主体で街が大きく変わろうとしている時期であった。

そのようななかで、自分たちのアイデアや専門性を活かしながらプレイスメイキングの取り組みによって、街の潜在的な魅力の種を顕在化し、街なかにもう少し肌感覚を持てる暮らしの風景を増やしたいという思いを共有したメンバーがプライベートな活動として取り組みをスタートした。

Phase 2 地区の潜在力を発掘する

ラボラトリーの活動として最初に実施したのは、小田原市中心市街地の街歩き企画であった。活動を始めるにあたって今後プロジェクト・チームに参加してもらいたいと考えていた主体に声をかけ、関心を持ってくれた人々を対象として週末に街の魅力発見街歩き&ワークショップを企画した。声をかけたのは、筆者の母校である工学院大学の都市計画系研究室の学生（以下、学生）、筆者が共同で主宰していた都市デザインの若手実務者研究会の参加者（以下、若手実務者）、そして同期の市職員が所属していた市役所内の若手職員の自主研究グループ（以下、市職員）であった。

２０１４年の夏、この三者から有志を募り中心市街地を歩き、街の魅力や課題、活用できそうな公共空間を探っていった。その際に発見した内容を大きな地図に落とし込み、どのような気づきがあったかを共有するワークショップを行った。

Phase 3 成功への仮説を立てる

街歩きとワークショップは三つのグループに分かれて実施した。①駅に近く複数の商店街がある「商業エリア」、②江戸時代の武家地の敷地割りが残る「武家地エリア」、③かまぼこづくりの拠点が残り海に近い「水産加工エリア」、という個性の異なるそれぞれのエリアの魅力やポテンシャ

図17　ザ・パワー・オブ10の考え方で発見した、小田原の魅力と課題のマップ

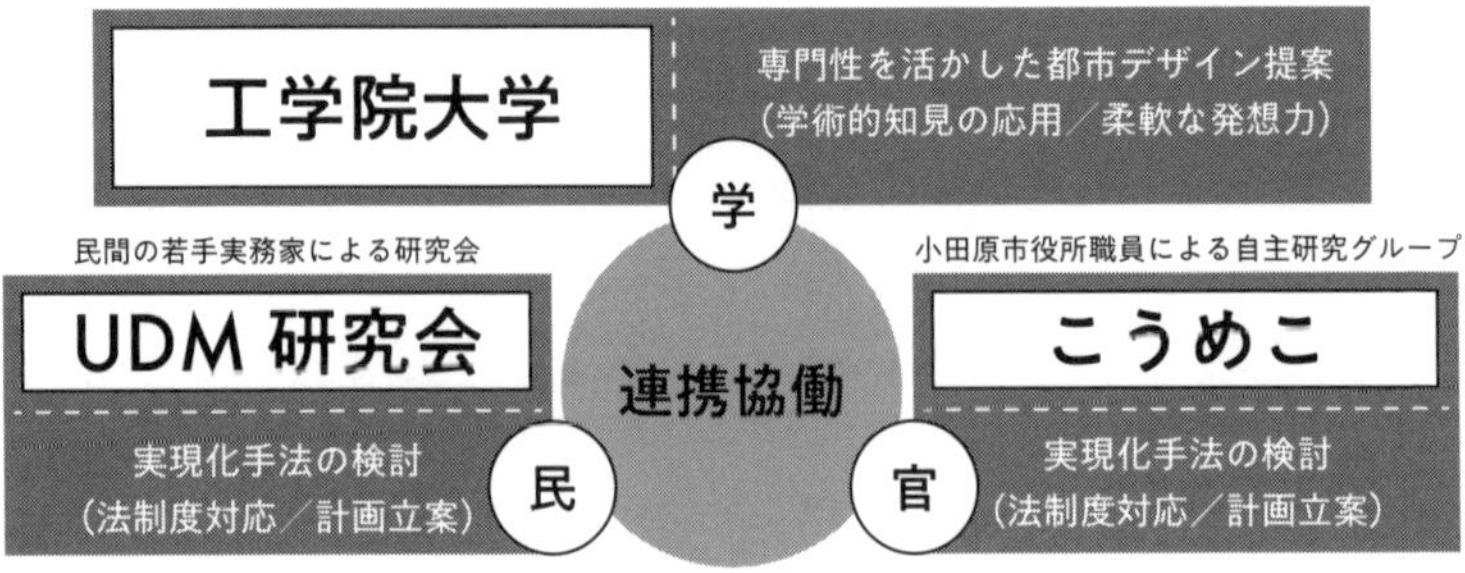

図18　小田原 Laboratory.の公・民・学の連携体制

ルを洗いだし、共有した。それを地図に落とし込んで整理し（図17）、来街者を駅から小田原城や商店街を通り、海側の武家地や水産加工エリアに誘導するよう、道筋にスポット的に仕掛けを施す等のアイデアが見えてきた。

その第1弾として、駅に最も近い商業エリア内にある市所有の空き地を活用し、ザ・パワー・オブ10の最小単位としてそこに多様なアクティビティを生みだす企画をパイロットプロジェクトとして開催することを決めた。

Phase 4　プロジェクト・チームをつくる

パイロットプロジェクトの実施にあたって、街歩き企画に参加してくれた各組織の中から継続して活動に参加してくれるメンバーを改めて募った結果、三つの組織から15名ほどが集まった。「小田原 Laboratory.」はこの15名のメンバーで本格的に取り組みを開始することとなった（図18）。

大学研究室から参加した学生は、日頃大学の講義や演習で学んでいる知識やスキルを実際の街の中で形にしてみたいという動機があった。若手実務者のメンバーは、大組織では分業されているため携わることが難しい「企画から実施、効果測定まで」一気通貫した取り組みに関心を持っていた。また市職員は、市民部や下水道部、経済部や病院等の事務職の業務では直接街に関われないため、プライベートの時間を使って小田原の街にコミットできるこの活動に賛同してくれた。このようにそれぞれの属性のメンバーが個々にメリットがある活動として組み立てることで、主体的で持続可能なプロジェクト・チームを構築することができた。

Phase 5 段階的に試行する

パイロットプロジェクトの対象地は、初回の街歩きで挙げられた活用可能性のある土地の中から市が管理している史跡整備用地を選定した。史跡整備用地とは、市が1993年に策定した「史跡小田原城跡本丸・二の丸整備基本構想」に基づいて民間企業から売りに出た土地を市が買い取り、将来的に史跡として再整備するための土地で、一定の規模にまとまるまでの間は建物が除却された土地を柵で囲って管理していた（図19）。ただ、その一部は芝生が敷かれポケットパーク（都市公園法に基づく公園ではない）として一般に開放されていたことから、まずはそのポケットパークでザ・パワー・オブ10の最小単位として多様なアクティビティを創出し、その価値を利用者や市の担当課と共有した上で、隣接する他の整備用地も芝生化して開放することを目標とした。

そのためのプログラムとして、「椅子製作」「レジャーシートづくり」「ポスターセッション」「紙

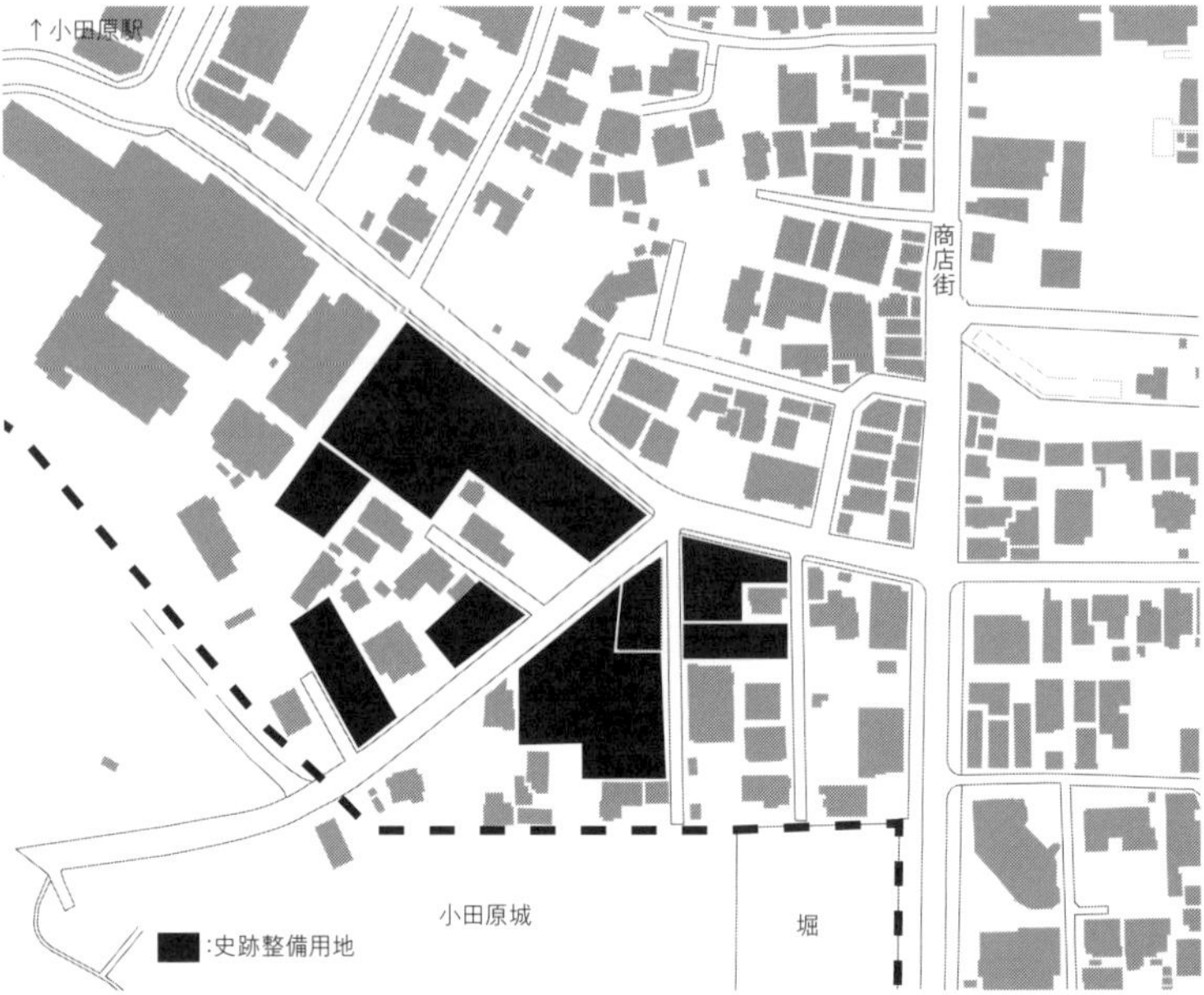

図19　史跡整備用地の位置図

写真11　パイロットプロジェクトで生まれた多様なアクティビティ

芝居」「ピクニックエリア」「昼寝エリア」「読書エリア」「昭和遊びエリア」「水遊びエリア」「ドリンクコーナー」を用意した（写真11）。このうち「紙芝居」と「昭和遊び」については市内の活動団体や個人と連携してプログラムを提供してもらったが、その他のプログラムはラボラトリーのメンバーが手弁当で用意して実施した。

その結果、紙芝居や水遊びエリアでは未就学児も含めた子どもたち、椅子製作や昭和遊びは小学校中高学年の子どもたち、昼寝エリアや読書エリアは子どもの親、ポスターセッションには小田原の街の千分の1の都市模型を用意したこともあって近所の高校生から大人たち、再開発組合の関係者や議員等が集まって街について語りあうシーンが見られた。

手探りの企画ではあったが、結果的に当初意図した多様なアクティビティが同時多発的に起こり、普段街で交わらない人たちの接点を生みだすことに成功した。

パイロットプロジェクトの来場者数はそこまで多くはなかったものの、実際に試行したことで街の様子が少しずつわかってきた。なかでも子どもを連れて参加してくれた母親からは「歴史的な市街地であることから、街なかに子どもが遊べるまとまった公園や児童館がなく、外で遊ばせたい時は毎回車で大きな公園に行く」という話が聞かれた。また、土地を管理する文化財課の職員からは「実はこの土地は、ある時期まで城に入るメインルートであり歴史的にも意味のある場所である」という情報をもらった。

このようなヒントから、史跡整備用地を開放する際の切り口として、子ども連れが安心して利

史跡用地PJアイデア　芝敷きWS　&　植栽計画

■アイデア

芝敷きWS　&　植栽計画

■コンセプト

過去の風景に戻す第一歩として、住民へ受け入れて貰える場所をつくる。日常的に使いやすく、愛着のもてる場所の創造

■対象

○WS　→　周辺住民（老人、成人、子供）、幼稚園児、父兄

○日常　→　周辺住民、来訪者（観光客等）、園児、学生

■時期・時間

WS・・・昼間。夏・冬などに、WS兼、手入れを定期的に開催

■具体的にどのように行うか（参加方法・日常の使い方・空間イメージ…）

計画・構想

- 植栽計画を立てる・・・植える植物の種類、芝の敷き方を考える
- 費用を予想する
- 管理方法を考える
- WSの参加方法を考える
- 愛着を持ってもらえる手段を考える

住民の参画・場所への愛着の創出

準備

- 使う芝を揃える。ホームセンターで購入可
- 芝生の管理業者と相談のうえ、芝生の植栽をタイミングよく、段階的に行なう。
- 市民への声掛け、宣伝
- 芝生が整備計画に違反していないかの確認

市民・行政との共同作業

実施

- 幼稚園児や地域住民に協力してもらい、芝を植える。あらかじめ、こちらがつくったゾーニングに合わせて敷いてもらう。
- 基本的に学生が主導し、サポートとして、業者の人に回ってもらう
- かつての史跡跡に合わせたゾーニングや、他の活用アイディアを補助するような整備計画の基行う

日常

- 幼稚園児が遊び、昼寝をしたり、紙芝居を読んでもらったりしている。
- 城を見に来た来訪者は歩き疲れ、休憩する。休憩しながら、ここがかつて城のお堀だったことを知る。
- 地域住民や来訪者は、近所のお店で買ったものをここで拡げ、小さなピクニックのようなものを行うことができる。
- 管理業者が定期的に管理を行なうが、地域住民も一緒になって行う

パークマネジメント・イベントの運営

アクティビティ

1．植物観察、動物観察　2．地べたに座る・寝転ぶ
3．植物の育成　4．食事　5．水遣り　6．お絵かき

必要なもの

・芝　・水　・土

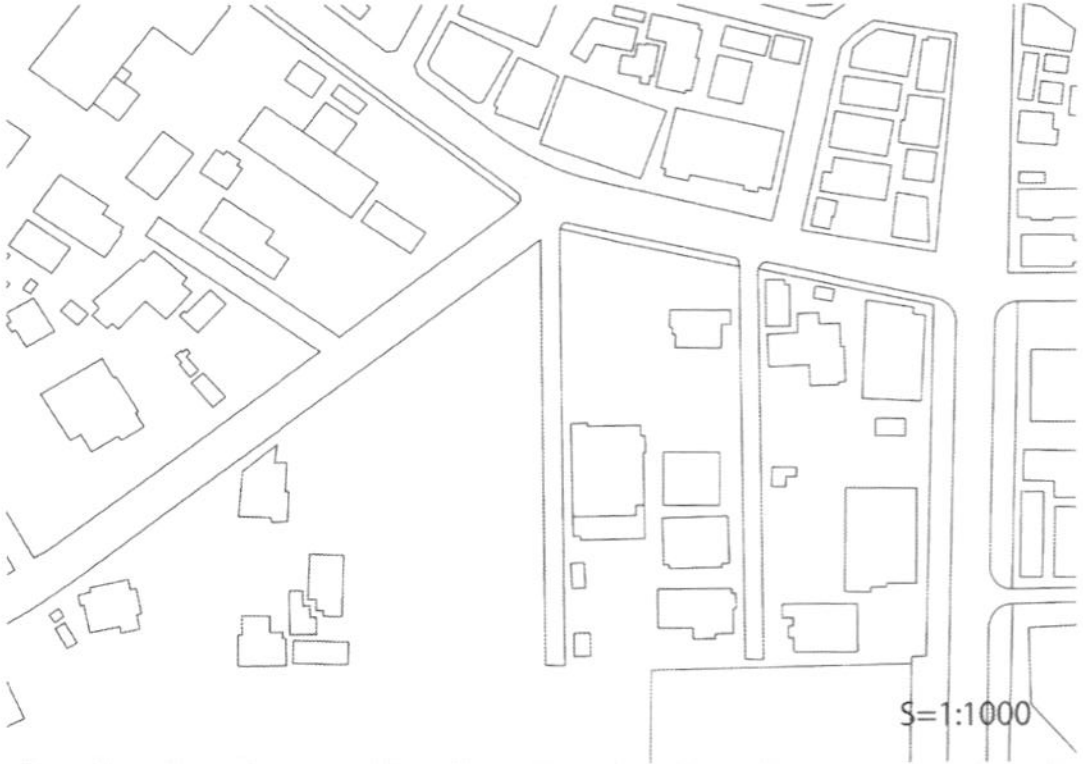

図20　史跡整備用地の芝生化への提案

写真12　史跡整備用地の段階的整備の過程。上：活用前の様子、中：最初の整備では柵が撤去され、人が入れるようになった、下：最終的に芝生が敷かれ、新たな公共空間として整備された

用できる街なかの芝生の遊び場という位置づけと、敷地内にかつての歴史を伝えるものを設置することで文化財整備の点からも意義のある事業という位置づけを提案した（図20）。そしてその芝生化の作業をラボラトリーのメンバーや住民と共同でやることで愛着を持たれる場にすることを合わせて提案した。

結果的に、その提案が受け入れられ、翌年には一部の史跡整備用地の柵が撤去され、段階的に芝生広場へと整備されていった。この一連の動きは、学生が出したアイデアを若手実務者が現実的な企画に落とし込み、法的な許認可のチェックを行い、市職員が担当部署の職員や地元の関係者のつなぎ役になる等、プロジェクト・チーム内での適切な役割分担の効果が発揮されて実現できた。

休日に活動しながら手作りで運営、活動してきた任意団体の提案によって、これまで未利用地として柵で囲われていた空間が開かれた公共空間として再整備され、街に豊かな暮らしのシーンを生む一つの器として生まれ変わったのである（写真12）。

Phase 6　試行の結果を検証する

史跡整備用地での成功を経て、今度は同じ商業エリアで活動する商店街組織に打診し、空き店舗が目立つ商店街の道路で開催される軽トラ市の空間演出をラボラトリーで行うこととなった（写真13）。地元の複数の商店街が加盟する連合組織によって年数回開催される軽トラ市は、実店舗を持たない生産者等を含む出店希望者に販売機会を創出し固定客を獲得させるとともに、空き店舗の

写真13　空き店舗の目立つ商店街（上）、空間演出を行った軽トラ市（下）

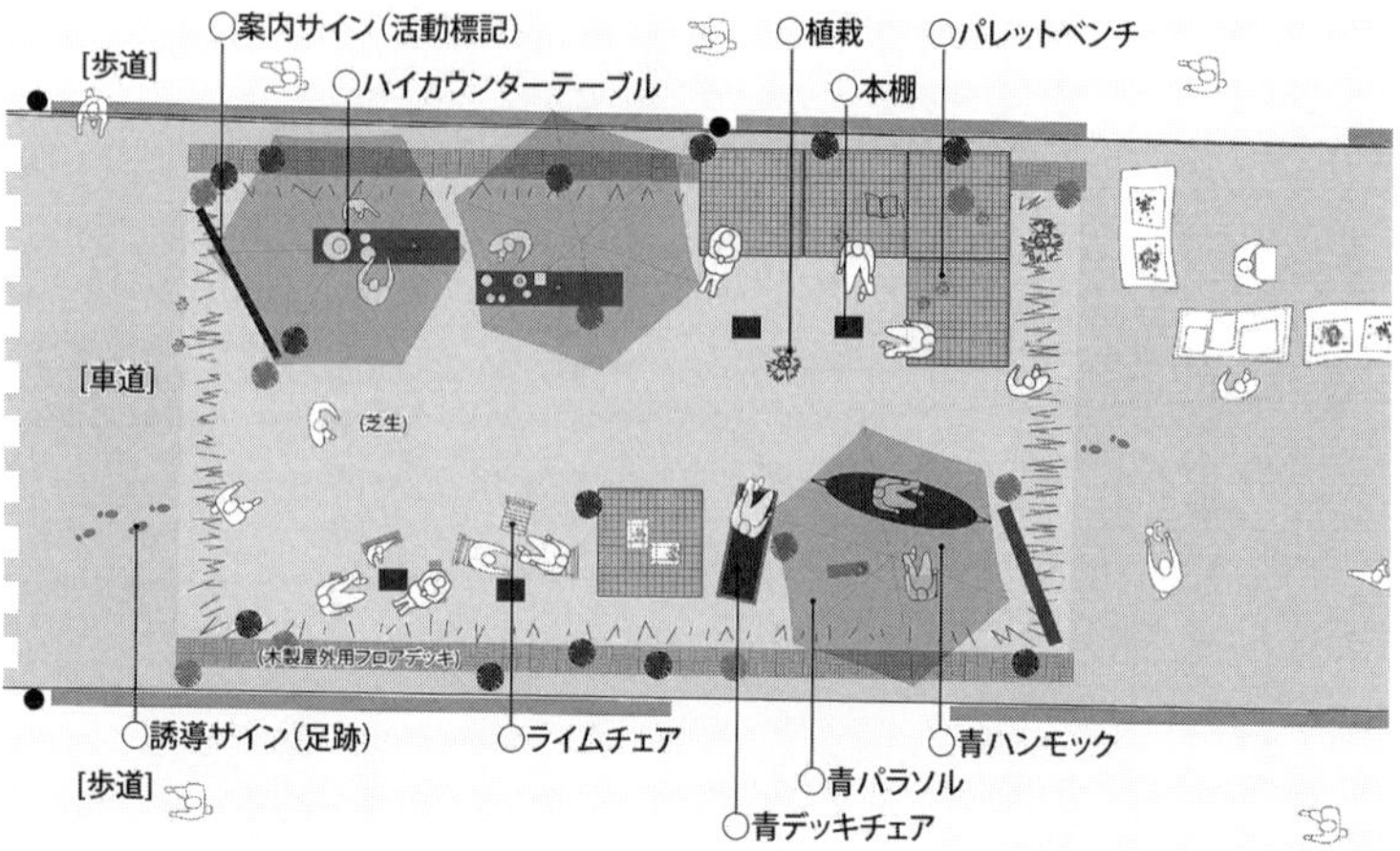

図21　軽トラ市の空間演出案

オーナーに店舗を新しい事業者に貸してもらうきっかけをつくるという狙いがあった。

このような戦略的な企画であればプレイスメイキングの理念とも合致することと、主催者が空間デザインができる組織を探していたという双方の意図が合致して、ラボラトリーによる軽トラ市の空間演出の実験が実現することとなった。

通常はアスファルトの車道を封鎖し軽トラが並ぶだけだが、この実験では飲食販売店の近くに人工芝やパラソル、椅子やテーブルを設置した滞留スペースを設けることで、来場者1人あたりの平均滞留時間を延長し、買った商品をその場で食べてもらい、帰り際にお土産として会場で買い物をしてもらうという購買機会の増加を目指した（図21）。より実際の店舗に近い雰囲気を演出することで、将来的な路面店のイメージを少しでも具体的に抱いてもらいたいという狙いもあった。

この際にも使用できる予算は大学の学生活動支援金等の小額であったため、中古パレットの活用や立体看板は自作する等、低コストで演出できる空間を試行錯誤しながら実現した。初回は座具のレイアウトや動線の設計等に課題は残ったものの、主催者や利用者からは概ね好評をいただき、現在に至るまで毎回趣向を変えながら取り組みを継続している。

Phase 7　空間と運営をデザインする

軽トラ市で継続的に空間演出をするようになってから、課題になったのが備品の搬出入や設営・撤去にかかる時間と労力であった。当時使用していた備品類はそのほとんどが既製品で、最適な寸法と合わなかったり、搬出入の際にかさばり移動にロスが生じることがあった。

そこで、最適なツールを自分たちで開発できないかと考え、株式会社勝亦丸山建築計画の勝亦優祐氏に協力を仰ぎ、空間演出のキットの共同開発に取り組んだ。

ツールに求められた機能は、設置した際にそのツールのみでも雰囲気を演出することができ、搬出入の際にコンパクトに取り扱え、設営撤去が容易にできるもの、というハードルの高いものであった。しかし、勝亦丸山建築計画が事務所を置く静岡県富士市の紙管メーカー・富士紙管株式会社がキットの素材となる紙管を提供してくれたこともあり、手で触れた時の素材感を持ちながら軽量でユニット化できるキットがデザインできた（図22）。

そして、2016年夏に屋台のブースが一つ、3人掛けのテーブルセットが二つ、独立したテー

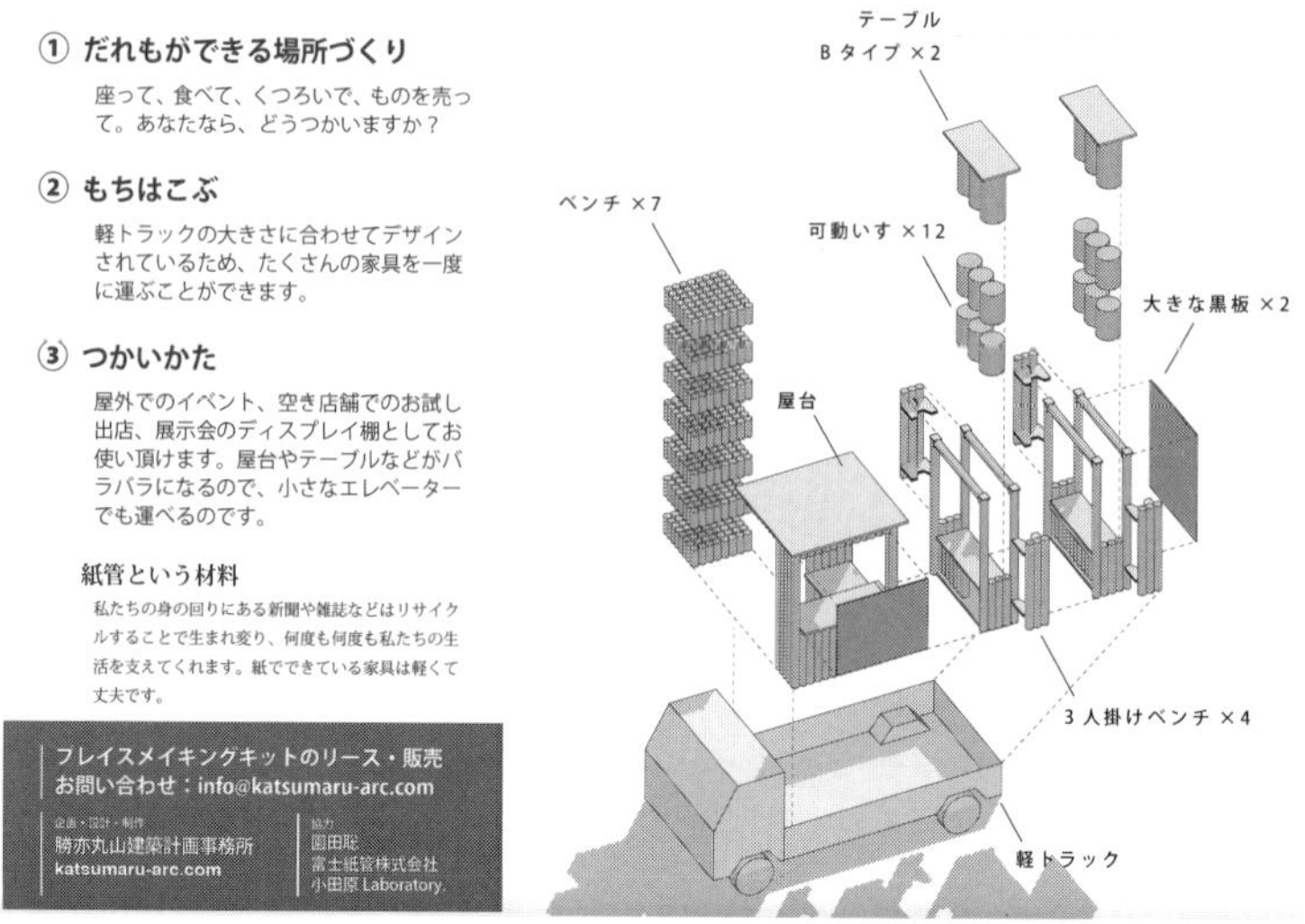
① だれもができる場所づくり
座って、食べて、くつろいで、ものを売って。あなたなら、どうつかいますか？
② もちはこぶ
軽トラックの大きさに合わせてデザインされているため、たくさんの家具を一度に運ぶことができます。
③ つかいかた
屋外でのイベント、空き店舗でのお試し出店、展示会のディスプレイ棚としてお使い頂けます。屋台やテーブルなどがバラバラになるので、小さなエレベーターでも運べるのです。
紙管という材料
私たちの身の回りにある新聞や雑誌などはリサイクルすることで生まれ変り、何度も何度も私たちの生活を支えてくれます。紙でできている家具は軽くて丈夫です。
プレイスメイキングキットのリース・販売
お問い合わせ：info@katsumaru-arc.com
企画・設計・制作
勝亦丸山建築計画事務所
katsumaru-arc.com
協力
園田聡
富士紙管株式会社
小田原 Laboratory.
テーブル
Bタイプ ×2
ベンチ ×7
可動いす ×12
大きな黒板 ×2
屋台
3人掛けベンチ ×4
軽トラック
図22　プレイスメイキング・キットのコンセプト（提供：勝亦丸山建築計画）

ブルが二つ、スツールが12、ベンチが七つというセットが完成し、「プレイスメイキング・キット」と名づけた（写真14）。このセットはすべて軽トラの荷台に収納でき、容易に空間で展開できて存在感を発揮する。

同年の秋に開催された軽トラ市でお披露目して好評を博し（写真15）、その後は会場近くのカフェオーナーからの依頼で、一定期間カフェの家具としてリース契約をして使用してもらった。

このように、プレイスメイキングは個人や小さな組織が「この指とまれ」の感覚で活動を立ち上げ、低リスク・低コストのLQCの手法で実績をつくり、それに裏づけされた提案を関係者に行うことで街の風景を変えていくことができる。この誰でも街にコミットできるという敷居の低さがプレイスメイキングの最

写真14　完成したプレイスメイキング・キット

写真15　軽トラ市でのプレイスメイキング・キットの実装

大の魅力である。

ここで紹介した小田原 Laboratory. の取り組みは道半ばの状態であり、Phase 8 以降の段階には辿り着けていないが、現在も活動を引き継いでくれた学生や若手実務者メンバーを中心に独自の取り組みを行っている。活動のスケールも豊田市での取り組みとは大きく異なり手探りで推進してきた部分も多分にあるが、それもまたプレイスメイキングの特徴の一つである。

取り組みに携わる入口が必ずしも専門的な業務でなくても、仲間を募れば誰でも活動を始めることができる。そして、そのプロセス・デザインにおいては10のフェーズという一定の道筋を描いて推進することで、常に自分の現在地を確認しながらゴールを見据えて取り組むことができる。明確な理念と体系化された手法を持ちながら、専門家として携わる業務においても、一市民として行うプライベートな活動においても応用できる柔軟で許容性の高い都市デザイン手法として、プレイスメイキングはこれからの日本でますます必要とされていくに違いない。

3 プレイスメイキングの体系

最後に、小田原 Laboratory. の取り組みをプレイスメイキングのプロセス・デザインのフェーズに沿って整理する（図23）。

Phase 1	**「なぜやるか」を共有する**
	肌感覚のある取り組みで、小田原の街に豊かな暮らしのシーンを増やす
Phase 2	**地区の潜在力を発掘する**
	個性を持つ地区ごとに潜在力のある公共空間を発掘する
Phase 3	**成功への仮説を立てる**
	活用可能な空き地で最小単位のザ・パワー・オブ10を生みだす
Phase 4	**プロジェクト・チームをつくる**
	公・民・学の連携による市民活動団体としてチームを組み立てる
Phase 5	**段階的に試行する**
	史跡整備用地を活用し多様なアクティビティと世代間交流を創出する
Phase 6	**試行の結果を検証する**
	空き地での成果を踏まえ、商店街で改良版の空間演出を実践する
Phase 7	**空間と運営をデザインする**
	新たな協力者を得て、プレイスメイキング・キットを開発する

Phase 8以降は、活動の主体を次の世代にバトンタッチしながら現在もさらなる展開に挑戦し、目標の実現に向けて着実に活動を推進している。

○ **プレイスメイキングの 10Phase**

プレイスメイキングの取り組みを戦略的に展開するためのプロセス・デザイン・ガイドライン

- Phase 1：「なぜやるか」を共有する
- Phase 2：地区の潜在力を発掘する
- Phase 3：成功への仮説を立てる
- Phase 4：プロジェクト・チームをつくる
- Phase 5：段階的に試行する
- Phase 6：試行の結果を検証する
- Phase 7：空間と運営をデザインする
- Phase 8：常態化のためのしくみをつくる
- Phase 9：長期的なビジョン・計画に位置づける
- Phase 10：取り組みを検証し、改善する

第1段階：取り組みの準備（Phase 1〜Phase 4）／第2段階：試行して計画を練る（Phase 5〜Phase 7）／第3段階：価値を定着させる（Phase 8〜Phase 10）

【プレイスメイキングの 10Method】

	Phase 1	Phase 2	Phase 3	Phase 4	Phase 5	Phase 6	Phase 7	Phase 8	Phase 9	Phase 10
Method 1 チェック・シート		● 街歩き＋空間評価								
Method 2 ザ・パワー・オブ 10		● 街歩き＋対象地選定								
Method 3 ストーリー・シート			● 街歩き参加者によるブレスト							
Method 4 ステークホルダー・マップ				● 市民活動団体としてチーム組成						
Method 5 サウンディング				● 管理者・関連団体ヒアリング						
Method 6 簡単に、素早く、安く					● パイロットプロジェクト（史跡整備用地＋軽トラ市）					
Method 7 フィードバック・ミーティング						● 振り返り会＋管理者ヒアリング				
Method 8 プレイス・サーベイ						● プレイス・サーベイ（アクティビティの多様性把握）				
Method 9 キャラクター・マップ							● 活用方針を管理者へ提案			
Method10 プレイスメイキング・プラン							プレイスメイキング・キットを開発			

【計画プロセスに参加する関係者】

	Phase 1	Phase 2	Phase 3	Phase 4	Phase 5	Phase 6	Phase 7	Phase 8	Phase 9	Phase 10
A：取り組み主体（住民・行政・企業 等）	■	■	■	■	■	■	■			
B：専門家（建築家・都市コンサル 等）		■	■	■	■	■	■			
C：地権者（個人・法人・不動産会社 等）										
D：協力事業者（商店経営者・地元デザイナー 等）				■	■					
E：地元団体（自治会・地域協議会 等）					■					
F：行政（市役所 等）				■	■					
G：近隣住民（暮らしの基盤がある人々）										
H：近隣就業者（主に平日に訪れる人々）		■	■	■						
I：来街者（主に週末に訪れる人々）										

※凡例 ●：そのフェーズで用いられたメソッド　■：参加した関係者

図23　小田原 Laboratory.の体系図

5章

アクティビティ・ファーストの都市デザイン

1 これからの時代の都市デザイン・プロセス

ここまで、国内外のタイプの異なるプレイスメイキングの事例を紹介してきた。プレイスメイキングは、着想の原点が、その空間や場所の特性を活かし、潜在的なニーズやウォンツを顕在化させることにある。最終的に生みだしたい豊かなシーンをイメージし、それに向かって必要な要素をハード／ソフトの隔てなく挿入していくという「アクティビティ・ファースト」の視点に立脚している。

これまでの近代都市計画では、戦後の復興や高度経済成長の中で、人口や経済活動の増加を受け止める器としての都市空間を一律のフォーマットで大量に供給し、面的な整備を行うことで都市生活の底上げを図ってきた。そのため、都市マスタープラン等の計画をもとに土地区画整理事業や再開発事業等で一気に整備して供給し、道路や公園といった公共空間はそれぞれの公物管理法で行政が維持管理していくというフローで対応してきた。その後、アドプト制度や指定管理者制度が導入され、市民や民間企業に空間の活用を委ねるという一連の流れができあがっていった。

国民に安心安全で最低水準の暮らしのインフラを供給するという「マイナスをゼロに戻す時代」においては、都市計画の段階ごとにセグメントされた進め方が効率的であり、スピード感を持って

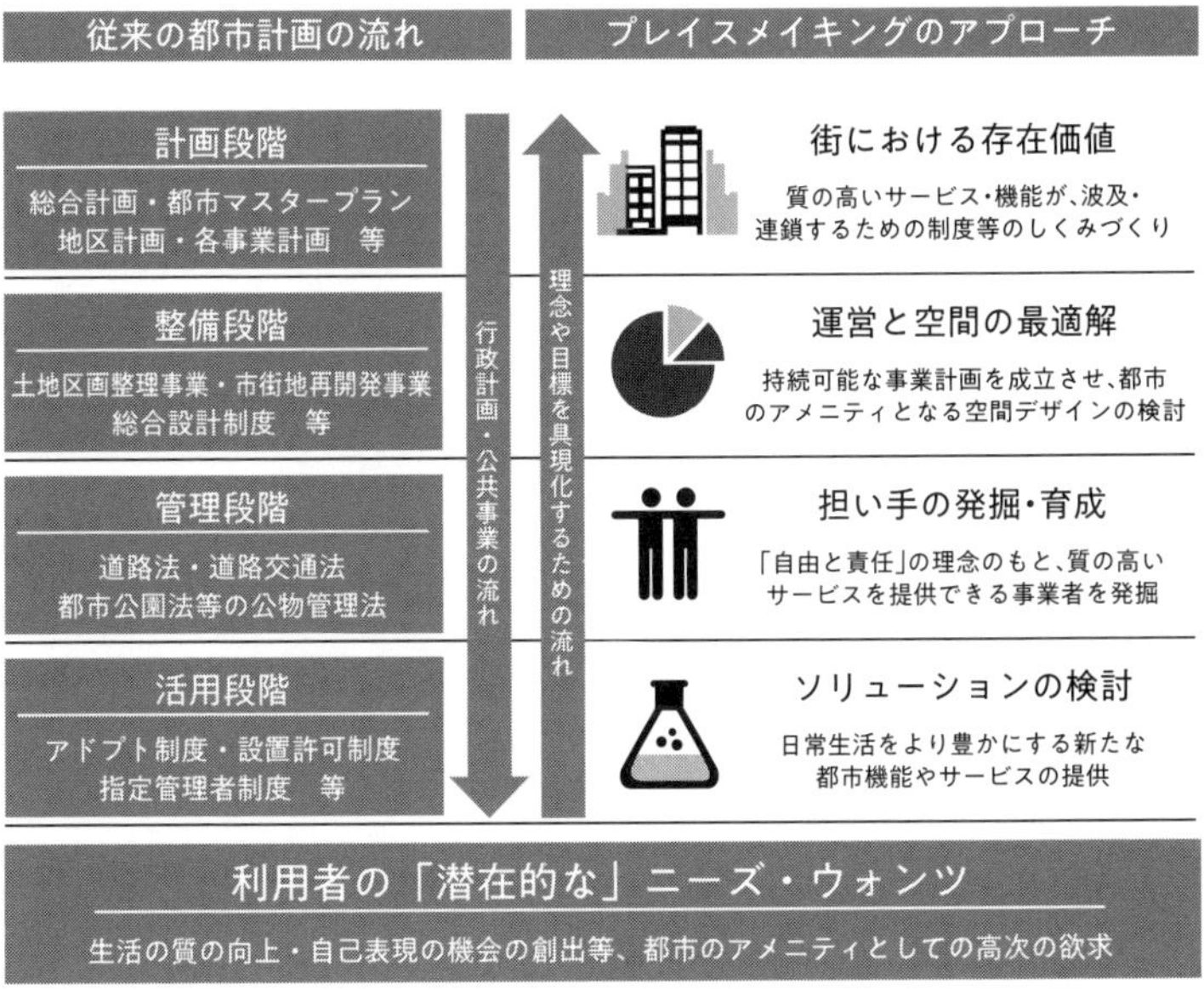

図1　従来の都市計画の流れとプレイスメイキングのアプローチ

都市を整備することができた。

しかし、人口が減少し空間も余りはじめた「ゼロからプラスに高める時代」には、都市空間も「量より質」が求められるようになり、より小さな地区や空間のスケールで潜在的なニーズやウォンツを丁寧に読み解いていくことが必要不可欠になった。

人々が潜在的に抱える都市生活への欲求に応えられる都市機能やサービス、プログラムを検討し、事業として担える人材や組織を発掘・育成する。そして運営の主体となるチームでその事業にふさわしい空間や運営のデザインを行い、身の丈に合った肌感覚の持てるスケールから取り組みをスタートさせる。事業が継続しその成果が街に受け入れられた段階で、その取り組みを持続可能なものにするため行政計画やより大きなスケールの計画に位置づける。これが、これからの時代における都市計画・都市デザインの本質的なフローなのではないだろうか。プレイスメイキングは、まさにこのフローに沿って取り組める、これからの時代にふさわしいアプローチである（図1）。

2 エリアマネジメントとプレイスメイキングの違い

これまでは行政がつくる計画や事業に基づいてハード整備主体の都市再生が行われてきたが、官民関係なく特定の利害を共有する個人や組織が主体となり、必ずしもハード整備ありきではない都市再生の取り組みを行う流れは、近年確実に増加している。ここでは、その代表的なしくみの一つであるエリアマネジメントのプロセスと比較することで、プレイスメイキングのプロセスが持つ特徴を改めて整理する（図2）。

①エリアマネジメント

エリアマネジメント（以下、エリマネ）で最初に行うのは、利害関係者を確定することである。これは受益者負担の考え方に基づく取り組みを推進するにあたってフリーライダーを出さないための重要なポイントであり、ここで定めた複数の利害関係者が今後の取り組みの主体であり意思決定者となる。エリマネの場合は利害関係者＝地権者や地区内事業者であることから、利害関係者を特定することで取り組みの対象となるエリアもほぼ自動的に設定される。

次に、取り組みの目標を実現するための予算規模と利害関係者内での負担割合等を決める。この時点でおおよその事業の規模や内容が決まる。その次の段階では、事業を展開する対象空間をエリア内で探して決定し、実際に現場で事業を行うプレイヤーの選定に移る。エリマネの場合、利害関係者で構成するエリマネ組織自体は取り組みの内容や方針、予算を決める協議会的な位置づけであり、直接事業を行う際にはコンサルタントや個々の事業者に委託し、最終的な事業の実施に至るという流れになる場合が多い。

大まかではあるが、エリマネはこのようなプロセスで進めるため、利害関係者が最初から明確

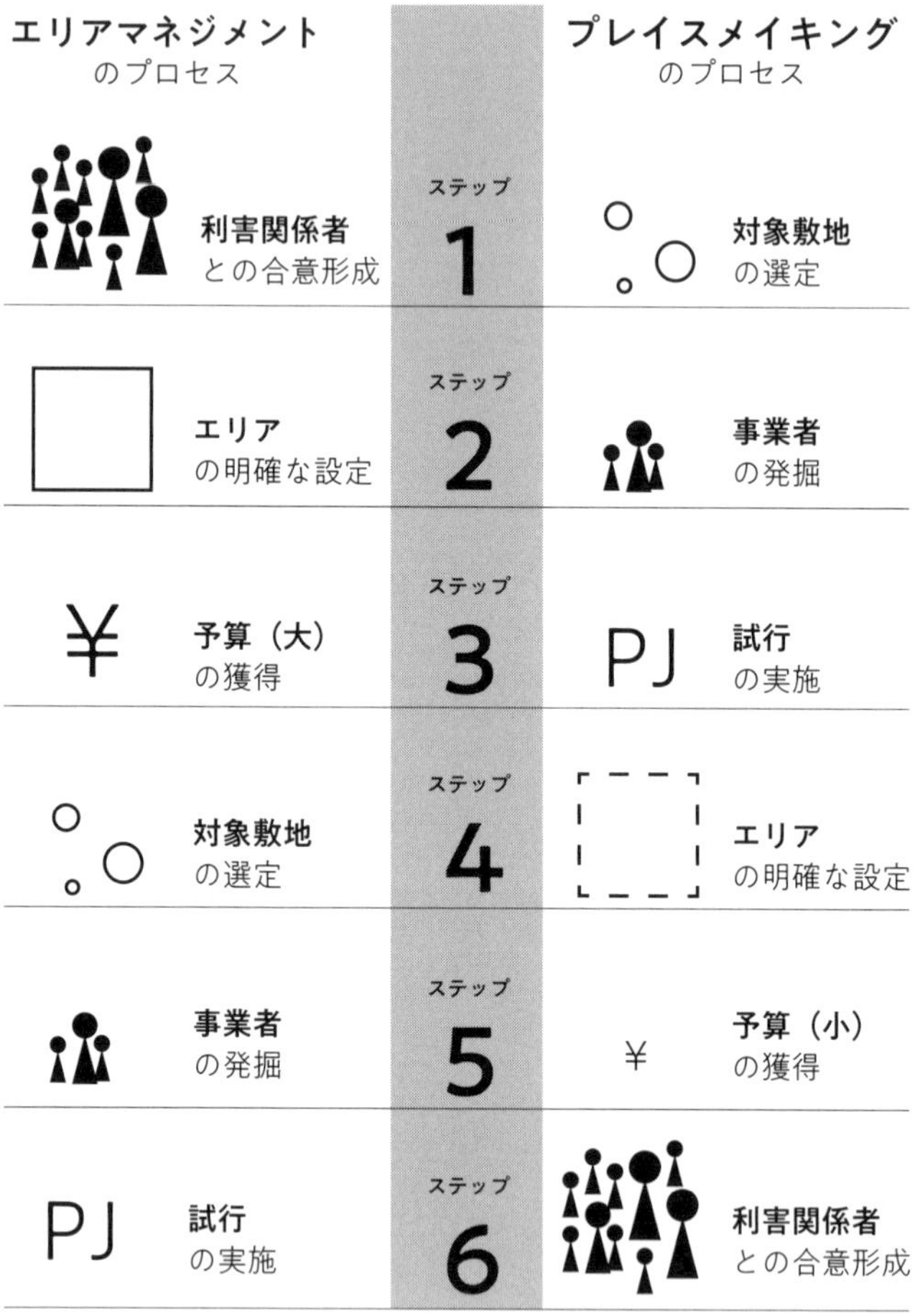

エリアマネジメントのプロセス	ステップ	プレイスメイキングのプロセス
利害関係者との合意形成	1	対象敷地の選定
エリアの明確な設定	2	事業者の発掘
予算（大）の獲得	3	試行の実施
対象敷地の選定	4	エリアの明確な設定
事業者の発掘	5	予算（小）の獲得
試行の実施	6	利害関係者との合意形成

図2　エリアマネジメントとプレイスメイキングのプロセスの違い

であり、取り組みの費用対効果がわかりやすく共有できるビジネスエリアや商店街、新興住宅地といった、特定の用途が集積し利害関係者の土地や建物が切れ目なく連続する場所で展開するのに適している。また、エリマネはその目的であるエリア価値を高める成果が不動産価格の上昇（下落幅の減少）や来街者の増加といった定量的な数値で測られるため、その成果が比較的現れやすい大都市都心部で採用されることが多い。

②プレイスメイキング

一方、プレイスメイキングは、「なぜやるか」をメンバーで共有した上でザ・パワー・オブ10の考え方に基づき事業を展開する対象空間を選定する。次に、その空間の潜在的な魅力を引きだすアイデアを持つ事業者や市民組織等の主体が「この指とまれ」方式でプロジェクト・チームを募り、実際にＬＱＣで試行（事業）を行う。その成果を持ってザ・パワー・オブ10で選定した空間を軸に取り組みの効果が波及しそうな一定のエリアを緩く定め、資金調達を行う。そこで初めて取り組みの受益者となりうる利害関係者に対して試行の成果を見せながら賛同や協力を仰ぎ、取り組みの土台を確定するという流れで進める。

このようにプレイスメイキングでは事業者や市民組織等を中心としたプロジェクト・チームが意思決定者であり、かつその動機は必ずしも費用対効果という価値のみではない。自己実現の場であったり、お気に入りの居場所を得ることであったり、事業収益を上げることであったりと、個人の動機はさまざまであるが、「なぜやるか」というゴールはプロジェクト・チーム内で共有している。

多くの場合、プレイスメイキングのプロジェクトの規模はエリマネよりは小さく、また組織単位ではなく個人単位でプロジェクト・チームを組むことも多いことから、意思決定のスピードは比較的早い組織になる。またLQCの手法でトライ&エラーを繰り返しながら進めるため、まずはアクションありきで動きながら考える組織になる点もエリマネとは異なる。そしてその成果が表れてから協力者が増加するため、人の出入りも流動的になることが多い。

このように、プレイスメイキングは潜在力を持った空間という比較的規模の小さな資産を対象にすることから、企業や組織でなく個人でも始めることができる。また何をゴールとするかはプロジェクト・チームが自由に設定できるため、意思決定者の選別や用途の集積といった制約は基本的になく、地方の小さな都市であっても多様な用途が混在する地域であっても実施できる。

プレイスメイキングは、従来の地縁型コミュニティとしての自治組織、受益を共有する利害関係者で組織する商店街振興組合やエリマネ組織のみでなく、テーマ型コミュニティのプロジェクト・チームが都市にコミットする新たなチャンネルをもたらす。

3 与えられる都市から、自ら獲得する都市へ

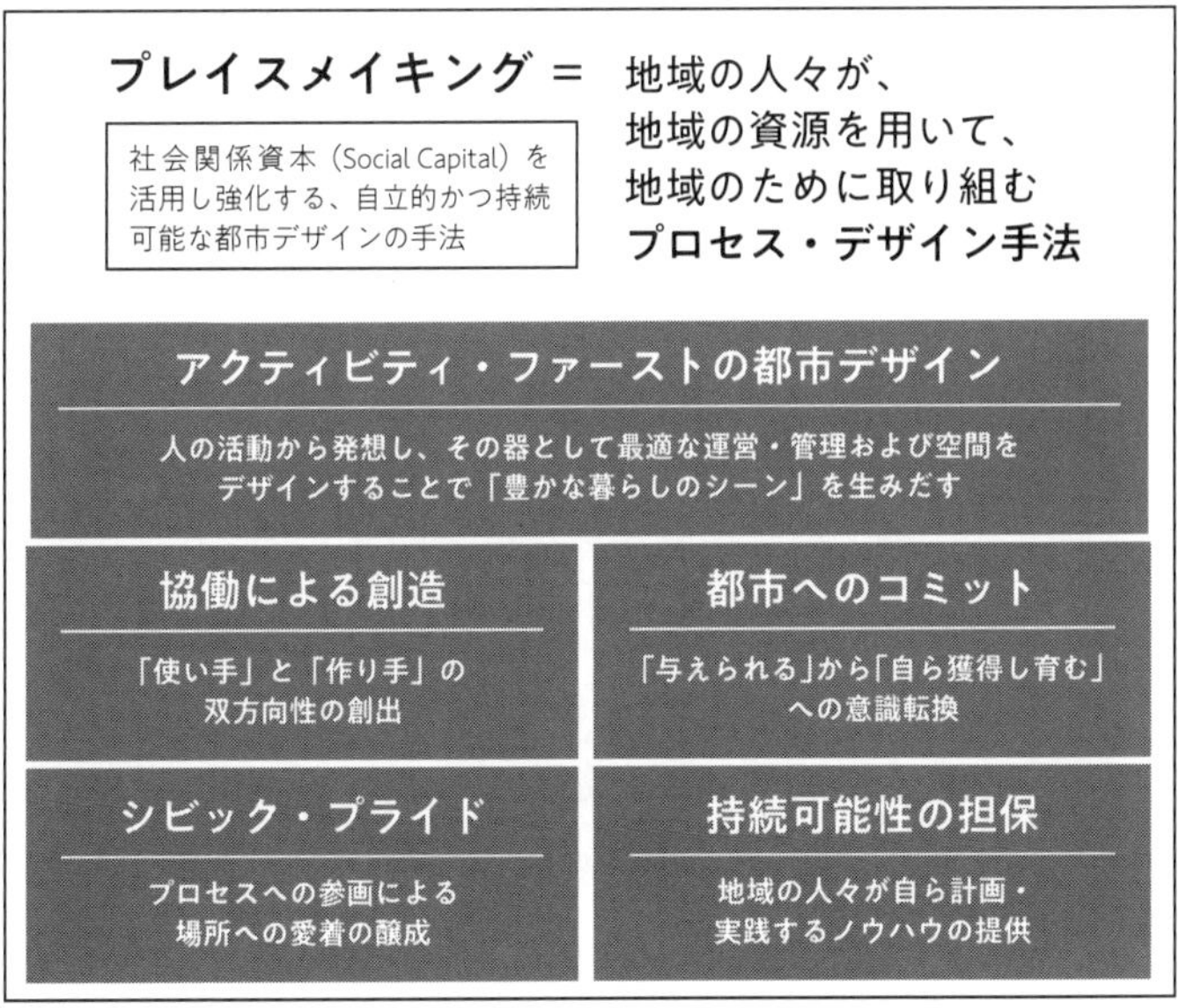
プレイスメイキング＝
社会関係資本（Social Capital）を活用し強化する、自立的かつ持続可能な都市デザインの手法
地域の人々が、
地域の資源を用いて、
地域のために取り組む
プロセス・デザイン手法
アクティビティ・ファーストの都市デザイン
人の活動から発想し、その器として最適な運営・管理および空間をデザインすることで「豊かな暮らしのシーン」を生みだす
協働による創造
「使い手」と「作り手」の双方向性の創出
都市へのコミット
「与えられる」から「自ら獲得し育む」への意識転換
シビック・プライド
プロセスへの参画による場所への愛着の醸成
持続可能性の担保
地域の人々が自ら計画・実践するノウハウの提供

図3　プレイスメイキングがもたらす価値

最後に、都市デザイン手法としてのプレイスメイキングの取り組みがもたらす価値について考える。これまで、都市デザインというのは行政や専門家、専門性を持った大規模な市民組織等が行うものであり、個人が都市にコミットできる分野はごく限られていた。行政が立案する構想や計画の検討業務を都市計画コンサルタントが受託し、市民ワークショップやパブリックコメントの機会を設け、市民が思いや考えを伝えるという形が一般的であった。

それに対し、先のエリマネの概念や活動が浸透してきたことで、大都市の中心部では企業や地権者、大規模事業者等の民間組織が都市デザインの一翼を担う機運が高まってきている。そうした変化のなかで、プレイスメイキングは行政や専門家、そして小さな事業者や住民が対等の関係で都市にコミットできる新たな道を拓いてくれる。

プレイスメイキングの方法論を地域の人たちが学ぶ初動期には、専門家が効果的な戦略立案、適切なスキルの体得等を支援する必要があるが、一度そのプロセスと要点を掴めば、その後は地域の人たちのみで取り組める。

プレイスメイキングのプロセスにおいて、「作り手」と「使い手」の双方向性が生まれ、さらにプロセスへの参画によってその場所への愛着が醸成され、街に対する誇りも生まれる。これまでは専門家と行政によって「つくられた」ものを「与えられる」構図であった都市空間が、自らの手で「つくり」だし「獲得」できるものへと変わる（図3）。

その成果を高めるのは、地域の人材や資源＝ソーシャル・キャピタル（社会関係資本）なのである。このようなプレイスメイキングの方法論は、ソーシャル・キャピタルを活かし、強化するものであり、「地域の資源を用いた、地域の人々による、地域のための新たな都市デザイン手法」であると言える。そして、その先に実現されるのが、日常的な豊かな暮らしの風景なのである。

おわりに

「はじめに」で触れたような「豊かな暮らしの風景」は、元来日本の都市空間の至る所で営まれてきた。それは1章でも解説したが、日本の伝統的な建築と都市の構成が「余白」と言えるようなセミ・パブリック、セミ・プライベートな空間を内包するものであり、その「余白」が多様なパブリック・ライフの受け皿となっていたからである。人口が減少に転じモノも空間も余剰になるこれからの日本の都市では、物理的な「余白」が大量に生まれる。空き家や空き地はもとより、利用されなくなった公園や交通量の減った道路、シャッターを降ろしたままの店舗等、所有・管理形態がさまざまな空間である。そうした空間の中から真に潜在力を持つものを発掘し、「アクティビティ・ファースト」の考え方で身の丈に合った改変・活用をしていくことが、これからの都市デザインの一つの使命ではないだろうか。

プレイスメイキングはそうした都市デザインの一つの選択肢として大いに有効な手段である。本書は、プレイスメイキングの本質を正しく理解し、一過性のムーブメントではなく、地に足のついた手法として実践の現場で役立ててもらいたいという願いを込めて執筆した。

今後生まれてくる膨大な都市の「余白」を目の当たりにして、真に価値のある取り組みをしていくためには、「どうやってやるか」の前に「なぜやるか」をすべての人が共有することが非常に重要である。各種の規制緩和制度や補助金を活用すること自体が目的化してしまっては、都市の本質的な豊かさの向上にはつながらず、無駄な時間と金を浪費するだけである。そうならないためには、改めて地域と向きあい、本当の意味での「選択と集中」に取り組む必要がある。本書で「プレイス」の概念から解説したのも、地域で大切にすべきことがそのまま空間に表出するような豊かな都市をもう一度取り戻したいという思いからである。これからの日本の都市を支えていく皆さんにとって、本書が日本の都市の豊かさとは何かを見つめ直すきっかけになれば幸いである。

最後に、本書の出版にあたりご協力いただいた皆様に改めてお礼をお伝えしたいと思います。私にプレイスメイキングの概念を教えてくださったのは、大学に入った18歳の頃から都市デザインのいろはを教わっている工学院大学名誉教授の倉田直道先生でした。そして、博士論文としてまとめる際に多大なるご支援をいただいた工学院大学の野澤康先生、遠藤新先生、星卓志先生をはじめとした都市計画分野の先生方や、日本におけるプレイスメイキング研究の第一人者である筑波大学の渡和由先生と日本大学の三友奈々先生には、日本の学術界におけるプレイスメイキング研究の意義と可能性を教わりました。

また、株式会社都市環境研究所の土橋悟さんと高野哲矢さん（当時）、まちなか広場研究所の山下裕子さんと有限会社ハートビートプランの泉英明さんには、学術研究の成果が実際に日本の都市デザインの現場で活かせるものであることを証明する機会をつくっていただきました。本書の多くの部分が実務の現場での実践に基づく理論と手法として構成できているのは、この方々とのご縁があったからこそです。

さらに、本書の中で紹介させていただいた各地の現場で活動されている皆様にも心よりお礼を申し上げます。繰り返しになりますが、プレイスメイキングとは海外から輸入した画期的な概念ではなく、これまで日本でも広く取り組まれてきた優れたプロセス・デザインを再定義するものです。ですので、私自身も今回紹介させていただいた各地の現場の皆様に多くを学びましたし、本書の執筆はその取り組みがどのように都市に価値を生みだしたのかを改めて言語化する作業であったとも言えます。

そして、最後になりましたが、本書の企画をご提案いただき、私の筆が進まない時も粘り強く伴走してくださった学芸出版社編集者の宮本裕美さん、表紙のデザインを手掛けていただいた装幀家の水戸部功さん、表紙の挿絵を描いていただいた「世界のタナパー」こと熊本大学の田中智之先生にも厚くお礼申し上げます。プレイスメイキングという概念を、文章やビジュアルを通じて読者の方との共通言語にしていくというプロセスを、このような素晴らしいチームでチャレンジできたことは、私自身にとって生涯の宝物になりました。

多くの方に支えられて形になった本書が、皆様のパブリック・ライフをより豊かなものにする一助となることを願っています。

２０１９年５月

園田　聡

園田 聡（そのだ・さとし）
有限会社ハートビートプラン。1984年埼玉県所沢市生まれ。2009年工学院大学大学院修士課程修了。商業系企画・デザイン会社勤務を経て、2015年同大学院博士課程修了。博士（工学）。2014年〜小田原Laboratory. 代表、一般社団法人国土政策研究会公共空間の「質」研究部会ディレクター。2015年〜工学院大学客員研究員。2015〜2016年株式会社アーバン・ハウス都市建築研究所研究員。2016年より現職、特定認定NPO法人日本都市計画家協会理事。専門は都市デザイン、プレイスメイキング。現在は、大阪・東京を拠点にプレイスメイキングに関する研究、実践に取り組んでいる。

プレイスメイキング
アクティビティ・ファーストの都市デザイン

2019年 6 月10日 初版第1刷発行
2024年 8 月20日 初版第3刷発行

著者　園田 聡
発行所　株式会社学芸出版社
京都市下京区木津屋橋通西洞院東入
電話075-343-0811　〒600-8216
発行者　井口夏実
編集　宮本裕美（学芸出版社）
装幀　水戸部功
DTP　梁川智子
印刷・製本　モリモト印刷

ISBN978-4-7615-2709-9